U0378753

写给未来的信

顶尖科学家关于未来的预言

王侯　主编

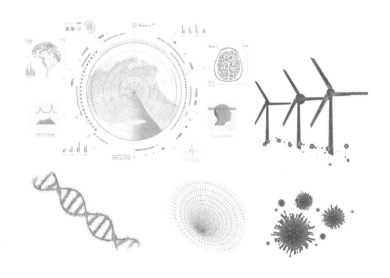

世界顶尖科学家协会（WLA）　世界顶尖科学家论坛（WLF）　出品

北京时代华文书局

图书在版编目（CIP）数据

写给未来的信 / 王侯主编 . — 北京：北京时代华文书局，2020.12
ISBN 978-7-5699-4073-2

Ⅰ . ①写… Ⅱ . ①王… Ⅲ . ①科学技术—技术发展—文集 Ⅳ . ①N1-53

中国版本图书馆 CIP 数据核字（2020）第 273003 号

写给未来的信
XIE GEI WEILAI DE XIN

主　　编 | 王　侯

出 版 人 | 陈　涛
特约策划 | 闻正兵
策划编辑 | 周　磊
责任编辑 | 周　磊
责任校对 | 陈冬梅
封面设计 | 有品堂 _ 刘　俊　张俊香
版式设计 | 赵芝英
责任印制 | 訾　敬

出版发行 | 北京时代华文书局 http://www.bjsdsj.com.cn
　　　　　北京市东城区安定门外大街 138 号皇城国际大厦 A 座 8 层
　　　　　邮编：100011　电话：010-64263661　64261528
印　　刷 | 三河市嘉科万达彩色印刷有限公司　0316-3156777
　　　　　（如发现印装质量问题，请与印刷厂联系调换）
开　　本 | 710 mm×1000 mm　1/16　印　张 | 16.5　字　数 | 279 千字
版　　次 | 2022 年 1 月第 1 版　　印　次 | 2022 年 1 月第 1 次印刷
书　　号 | ISBN 978-7-5699-4073-2
定　　价 | 48.00 元

版权所有，侵权必究

关于人工智能、外星文明、疾病、寿命、基因、能源、气候、脑科学、贫困……

60位诺贝尔奖、图灵奖、拉斯克奖、菲尔兹奖、麦克阿瑟天才奖等世界著名奖项的获奖科学家以及中国院士的预言和预警。

编 委 会

主　编：王　侯

编　撰：

第1章　郭文才　张泽茜

第2章　张　唯　王心馨

第3章　虞涵棋　张　静

第4章　耿　挺

第5章　曹　刚

第6章　郜　阳

第7章　马亚宁

第8章　贺梨萍

第9章　刘　禹

第10章　张泽茜

出　品：

世界顶尖科学家协会（WLA）

世界顶尖科学家论坛（WLF）

序言1
在不久的将来，会有更多中国科学家赢得诺贝尔奖

你如果想要成为一个非常成功的，或者说是一个非常伟大的科学家的话，只是去上大学、听课、读书是不够的。你可以通过学徒的方式，真正地成为一个伟大的科学家。

你必须能够和其他科学家待在一起，在他们的周围工作，只有这样才能帮助你成为科学家。很难解释到底是为什么，但是我们发现，情况就是这样。我们有非常简单的数据证明了这一点，大概有一半的诺贝尔奖获得者，其实都是之前诺贝尔奖获得者的学生。

你必须能够和其他伟大的、最好的科学家待在一起。从某些角度来说，这也可以影响到你追寻科学的方法。你可能没有办法具体地讲出来，到底是哪一件事情或某一个人影响了你，但是你会由此变成一个完全不一样的人。这就好像父母对孩子的影响是潜移默化的一样，你很难说是什么事情或是爸爸妈妈告诉你的哪句话改变了你。你就是这样长成的，整个的成长过程把你变成了你现在这样的人。

我想说，研究科学并不总是好玩的，因为在大部分的时间里，你是会失败的。研究科学其实是很难的，需要你持之以恒。但是，这是一个值得为之付出努力的事情，是有回报的事情。

你获得了对一个数的理解，你获得了知识，你可能有新的发现，这些

给你带来的回报对你来说是足够的。其实，科学能够给人带来一生的满足，这是一种个人从科学研究当中获得的满足感。因此，我觉得再辛苦的努力都是值得的。

我第一次来中国，是和我的妻子一起来的，我最大的孩子当时只有3岁，那是1989年，距今已经30多年了。那个时候的上海，可能只有1 000多辆汽车，也没有什么现代化的楼宇。我没有办法想象上海这座城市以如此之快的速度发展，它现在已经成为世界上最伟大的城市之一，有很多的汽车和很好的交通系统。

我觉得，中国取得了非常伟大的进步。我相信，到目前为止，我们所取得的所有的成就，只是未来中国可能会取得的成就的很小一部分。为什么我会这么说呢？因为中国是从零开始发展自己的科学事业的，并且不断地快速推动科学和技术的发展，更好的前景还在未来等着我们呢。

有很多中国科学家做了卓越的工作，我相信他们今后会取得更多的科学方面的卓越成果。我知道，有的中国科学家留在了美国，有的回到了中国。同时，也有不少年轻的科学家，他们现在可能是在美国学习，但是之后他们会回到中国继续自己的研究工作，他们有很大的潜力。因此，我相信，我们可以确定的是，在不久的将来，肯定会有很多的中国科学家赢得诺贝尔奖。

2006年诺贝尔化学奖得主、世界顶尖科学家协会主席
罗杰·科恩伯格（Roger Kornberg）

序言2
没有一个国家可以垄断科学

没有一个国家可以垄断科学，这确实如此。科学可以从实验室发现到应用，很快地传播。部分国家可能有一些担忧，如果他们要完全实现这些科学成果在商业上的潜力，就可能会有闭门造车或者建立围墙的想法。我觉得这种态度是完全错误的。科学一直都是具有国际属性的，在欧洲、北美洲、亚洲的科学研究工作，科学家们都是互相分享想法的。一个科学家的发现可以让另外一个科学家获得更多的发现，在其他领域也能够有新的突破。

你的发现也会传播到世界各地，这对于你的发展也是有利的。如果各国闭门造车、停止对话，认为这样就可以快人一步，那就错了。我希望像我们今天这样的论坛可以畅所欲言，大家在论坛上分享思想，分享不是你说我不说，而是你说的时候我听、我说的时候你听，这是一个来回交互的过程。科学家之间有合作，也有竞争。但在有了新的发现之后，科学家们共同把这个科学领域的研究向前推进。

我们可以以互相非常尊敬的方式进行分享。就我自身的经历而言，在20世纪80年代，我的研究工作所涉及的领域，当时确实有很多科学家互相竞争，大家都想要搞清楚激光冷却为什么有新的温度，对此我记忆犹新。当时在一个科学大会上，有一位发现者，他发现激光实际的冷却温度比此前大家以为的要低很多，我在午餐的时候跟这位科学家交流。我们后来共同发现了真理，也是独立发现了真相。闭门造车的态度是不对的，所以我鼓励所有的年轻科学家，你付出越多，收获才会越多。

1997年诺贝尔物理学奖得主、世界顶尖科学家协会副主席朱棣文

序言3
科学家才是这个伟大时代的Superstar

一切伟大，均起于青蘋之末。

2017年，当我和2006年诺贝尔化学奖得主罗杰·科恩伯格、2013年诺贝尔化学奖得主迈克尔·莱维特（Michael Levitt）、2001年诺贝尔化学奖得主巴瑞·夏普莱斯（Barry Sharpless）等多位科学家在香港联合发起成立"世界顶尖科学家协会"的时候，我完全没有想到我们开启了一项堪称伟大的动议，或者说事业。这是此前我在中国从事了几十年的传媒工作所没有经历过的澎湃、激越和荣光的体验。

正是因为有科学家们对宇宙、星球和人类命运近乎纯粹、执着、激切的关怀和忧思，才使我们发起的世界顶尖科学家协会迅速集结了这个星球上最智慧的头脑——那些星河璀璨的卓越的诺贝尔奖、沃尔夫奖、拉斯克奖、图灵奖、麦克阿瑟天才奖等世界著名学术奖项的获奖科学家。

2018年10月，我们进行了首次伟大的实践，在中国最具国际色彩和最富科创才情的上海策划并举行了第一届世界顶尖科学家论坛。这次论坛由上海市人民政府主办，26位诺贝尔奖得主，9位沃尔夫奖、拉斯克奖、图灵奖、麦克阿瑟天才奖等世界著名学术奖项的获得者，近40位中国两院院士和众多全球青年科学家悉数出席。世界顶尖科学家济济一堂，这是在中国乃至全亚洲范围内的第一次这样的盛会。这正源于我们所提出的"科技，为了人类共同命运"的宏阔愿景。

2019年10月,我们在上海举行了第二届世界顶尖科学家论坛,我们再一次创造了历史:这次论坛是中华人民共和国成立以来规模最大、诺贝尔奖科学家数量最多的科技盛会,仅次于瑞典诺贝尔奖颁奖典礼、德国林岛诺贝尔奖获得者大会,系亚洲之最。65位世界顶尖科学家参会,其中包括44位诺贝尔奖得主,21位沃尔夫奖、拉斯克奖、图灵奖、麦克阿瑟天才奖等世界著名学术奖项的获得者,他们来自13个国家。此外,我们还邀请了100余位青年科学家参会,他们来自韩国、新加坡、澳大利亚等,覆盖了哈佛大学、斯坦福大学、麻省理工学院、剑桥大学、法兰西学院、以色列理工学院和日本理化研究所等全球50余所知名高校和科研院所。

这次论坛引起了国家层面的关注。中国国家主席习近平给第二届世界顶尖科学家论坛发来贺信,鼓励论坛推动基础科学、倡导国际合作、扶持青年成长,为共同创造人类更美好的未来做出贡献。

一个时代前行的力量有很多种:文学、艺术、商业、科技,因此一个时代的偶像也有很多种。和那些流光溢彩的或口若悬河的明星相比,一辈子待在实验室的科学家们可能显得青灯黄卷、皓首穷经。然而,他们才是我们这个时代真正的Superstar(超级明星)。

在世界顶尖科学家论坛上,1987年诺贝尔化学奖得主让-马里·莱恩(Jean-Marie Lehn)提出了科学的三个重要"支柱":物理,探究宇宙定律;生物,追寻生命规则;化学,沟通两者的桥梁。他引用了德国数学家大卫·希尔伯特的一句名言:"我们必须知道,我们终将知道。"

我们必须知道,我们终将知道。这,就是科学家们的自觉、信仰、坚韧和骄傲。这是静默的力量,这是低调的强悍,这是被遮蔽的星光。

他们应该发光,应该光芒万丈,这就是我们穷尽一切力量来创办一届又一届世界顶尖科学家论坛的初衷,这就是我们出版这本巨细靡遗地展现科学家们伟大思想的图书的坚持。

认识他们,了解他们,看见他们,爱他们。欢迎读者朋友们打开这本书,欢迎你们参加在上海举行的世界顶尖科学家论坛。

因为他们在,世界就会美好。

　　　　　　　世界顶尖科学家协会执行理事长、秘书长王侯

目录

第1章　40位顶尖科学家写给未来的信

第2章 如果人工智能疯了，我们将无计可施

第3章 如果有一天人类真的发现了外星文明，那也是出自偶遇

第4章 地球正在面临第6次生物大灭绝，这一次会包括人类吗？

第5章　我们可以花5~10年登月，但要解决癌症非常困难

第6章　如果大脑可以移植，人类可能永生

第7章　破译地球上所有真核生物的基因组，就像人类第一次登月一样

第8章　疾病是无国界的，治疗也是无国界的

第9章　200年后地球资源耗尽，人类该怎么办？

第10章 所谓经济学，就是一群不懂围棋的人看别人下围棋

第1章

40位顶尖科学家写给未来的信

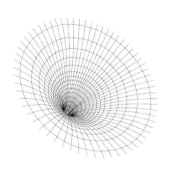

郭文才　张泽茜　编撰

　　20年后以及更远的未来，宇宙、地球和人类将会是什么样子的？40位顶尖科学家发布了他们的预言。

我们不可能找到和地球相似的行星

迪迪埃·奎洛兹（Didier Queloz，2019年诺贝尔物理学奖得主）

　　关于地球是什么样的问题，我们其实很难去理解地球这样环境的星球在宇宙中出现的概率。虽然我们已经发现了很多行星，但我们没有相关数据，不知道它们的构成，不知道它们是岩石质的星球还是水世界的星球。

　　现在大家用很多方法来寻找宜居的行星，不是在太阳系的行星，而是一些小一点的行星。有人可能告诉你，有一些行星很像地球，但是我觉得不太可能，因为其他行星是非常多元化的。即便它跟地球大小、质量都一样，但也不太可能跟地球相似。比如说金星跟地球看起来很像，但完全是不一样的。

　　在极端情况下，我们会看到一些非常冷的星体，它们也会有凌星的现象。一些行星离恒星很近，因此会有轨道之间的相互影响。行星是由什么构成的呢？比如说地球有地核、地壳、大气层。金星和地球体积、质量接近，但是它们看起来很不一样。因此，我们还是要继续探索生命在宇宙其他星球上是否存在的问题。

通过仰望星空，我们盼着能够破解生命诞生之谜

米歇尔·马约尔（Michel Mayor，2019年诺贝尔物理学奖得主）

对天文学家来说，未来将会越来越开心，因为2021年地球上将会有更强大的太空望远镜投入使用。依靠强大的望远镜，关于太空的新发现的成果会不断被发表出来。目前，科学家已经探测到了4 000多个系外行星，越来越多的新行星也会不断被找到——有的运行周期只有一天，有的质量与地球相同，有的质量是地球的10倍。通过观察这些"天外飞仙"，我们力图破解它们不同亮度背后的原因，寻找这些星球上存在甲烷、氧气甚至水分子的蛛丝马迹。通过仰望星空，我们盼着能够破解生命诞生之谜。

人类一定会造出一个比自己更聪明的东西，
人类生命并不是智能的最高阶层

朱棣文（Steven Chu，1997年诺贝尔物理学奖得主）

伽利略提到过，地球不是宇宙的中心，地球也不是银河系的中心，其实是没有"宇宙中心"这一说法的。人类是不是地球上生命的最高形式？科学家们也在考虑这个问题。机器会不会比人类更加智能？从某种角度而言，你可以重新定义智能，但是最终这个事情总是会发生的，你不需要进入外星系找到外星人，人类在地球上创造的东西就会超越人类自己。

很多人说现在造出来的机器还不够智能，但是人类最终一定会造出一个比自己更聪明的机器，人类生命并不是智能的最高阶层。这个事实可能需要大家去消化一下。有科学家讲，我们对于细胞演进已经有了很充分的认识。

数亿年前，地球的温度发生了很大的变化，变成冰点。75亿年以后到底还有没有地球？可能大家不会考虑这个问题。我们不需要让人们考虑自己是否会活1 000年这个问题，我们1 000年以后还会存在的可能是DNA——我们的种子，但是我们人类的肉身可能都不存在了。

希望有更多公民对科学感兴趣

大隅良典（Yoshinori Ohsumi，2016年诺贝尔生理学或医学奖得主）

基础科学的发展是难以预测的，而且要花很长时间。在我的印象里，自噬这个现象成为一个比较热门的研究方向花了30年。从我们建立必要的基础开始，我们还有很多基本问题需要解决。

现在的年轻人往往会去关注以应用为主导的科学，现在日本大学毕业生特别是博士生的数量正在迅速减少，这将导致日本的科学研究在不久的未来遭遇到困难。我相信科学不仅仅应该受到政府的支持，而且应该得到全社会的支持。

我们必须让人们看到这一点，希望有更多公民对科学感兴趣，并且对科学有所了解。我发起建立了一个基金会来支持做基础科学研究的科学家，帮助他们挑战那些基本问题，尤其是帮助做基础科学研究的科学家和大公司的高层管理者建立联系。

没有基础科学研究，就不会有应用科学研究

阿夫拉姆·赫什科（Avram Hershko，2004年诺贝尔化学奖得主）

政府和社会应支持基础科学研究，应用科学研究需要产业来支撑。现在很多投资者只会在转化研究上花钱，然而应用科学研究也很重要。应用科学研究的前提则是基础科学研究，在我熟知的医学领域就是如此。没有基础科学研究，就不会有应用科学研究。

基础科学研究会反哺社会，当然，这需要一定的时间。但毫无疑问，基础科学研究会让社会受益。希望投资者能更关注基础科学研究，让好奇心来推动年轻科学家的基础科学研究。当然，这些研究所收获的效益最终会回归社会。

让基础科学家去做应用科学研究是不适合的，也会适得其反

威廉·凯林（William Kaelin，2019年诺贝尔生理学或医学奖得主）

　　基础科学最早的阶段，通常会聚集一些具有高度创造性、创意的人。他们会被自己的好奇心驱动，被自己的本能驱动。因为基础科学是不可预测的，如果让10个基础科学家研究10个不同领域，可能还会有有意思的偶然发现。但是，在应用科学里面，通常都是各种各样的团队做研究工作，他们已经对某一个交付项目和时间点达成了共识。因为他们的资源消耗是非常快的，他们的时间安排也是非常紧的，所以他们是用集中方式来管理的。如果让基础科学家去做应用科学研究，是不适合的，也会适得其反。

大学要扮演一个角色，就是把科研成果转化为能够造福社会的成果

阿龙·切哈诺沃（Aaron Ciechanover，2004年诺贝尔化学奖得主）

在以色列，我们是如何把科研成果从学术领域转化到商业领域的呢？我觉得好奇心非常重要，特别是在某些科学领域，比如生物医药。还有一点，大学要扮演一个角色，就是应该把研究的成果转化为能够造福社会的成果，这也是社会所期待的。

在以色列，有一种非常有效的机制，一方面可以帮助科学家做科研，另一方面也可以帮助他们把科研成果转化为商业成果。以色列的每一所大学都有很强的知识产权机构，这个机构在大学之中。大学是非常慷慨的，大学从科研成果中获取的收益都会和科学家进行利益分配，所以科学家的动力也是比较大的。这个机构可以去找首席科学家，他们会去筛选每年递交上来的科学成果清单，来决定要为哪一个科学项目进行投资。以色列政府对科学项目是有资助的，也是这些成果背后的股东，也欢迎风险投资、天使投资以及知名企业的加入，这是一个非常复杂的系统。

创造伟大的文化机构是需要时间的，很少有例外

迈克尔·罗斯巴什（Michael Rosbash，2017年诺贝尔生理学或医学奖得主）

我们知道疾病是无国界的，治疗也应该是无国界的。所谓的"边界"，不仅仅是国界，哪怕在一国之内，也有这样的边界。比如在不同的学术机构中，可能有一些学者醉心于金钱和权力，我们这些年长的比较熟悉情况的学者必须打破这样的"边界"。

还有一点是关于耐心，全球重要的文化机构，比如说大学、交响乐团、博物馆都是历史悠久的，因为我们要创造伟大的文化机构是需要时间的，很少有例外。中国已经向我们展示，其在很短时间内已经让5 000万人脱离了贫困。但是，我还不太清楚伟大的文化机构和伟大的组织，是否也能在短时间内建立起来。因此，我们必须耐心地等待。

通过分子控制防止癌细胞扩散

彼得·沃尔特（Peter Walter，2014年拉斯克基础医学研究奖得主）

很多创伤性脑损伤的产生，导致有些人会因此自杀。在创造细胞的网络当中如果存在不平衡，会导致很多与年龄相关的疾病。为了更准确地理解其运行机制，我们开发了一些小分子。比如在肿瘤的治疗方面，在小鼠的试验当中，两天之内癌细胞遍布其全身，如果我们能够阻断这个通路，就可以更好地保护细胞，最终杀死肿瘤，治愈癌症。这不仅可以防止癌细胞扩散，还可以彻底地将癌细胞从动物身体里清除。现在，我们正在对两种化合物进行临床前的研究。

细菌中的每一个基因都有一把钥匙

谢晓亮（2015年阿尔巴尼医学奖得主）

细菌中的每一个基因都有一把钥匙。在人和哺乳动物的细胞中，有一系列的钥匙来控制开关，之前的技术没有办法去识别这些要素。如果我们用芯片，可能需要设置200个因子，但是其实也没有那么多。在北京大学，我们希望能够有一个基因组的地图，通过绘制转录因子光定位来解码3D人类功能基因组。这要花很长的时间和很大的精力，但是我觉得这可以帮助我们更好地了解基因的表达、基因的调节、干细胞等。当然，这还有帮于开发针对不同疾病的更好的新药。

基因会在信号分子浓度随时间变化的时候改变其反应

约翰·戈登（John Gurdon，2012年诺贝尔生理学或医学奖得主）

　　细胞是如何运作的，这个问题可能大家还不了解。细胞中的基因表达受到响应细胞中或附近信号分子浓度的巨大影响，也受到细胞或者细胞核暴露于这些信号分子的时间长短的影响。最有趣的是，那些基因会在信号分子浓度随时间变化的时候改变其反应。这就是形成素浓度梯度的概念。我们看到，有一个信号分子的源头，它会在细胞周围形成浓度梯度。附近信号分子浓度最大的细胞会到达肝脏，浓度相对较低的细胞会达到心脏，浓度最低的细胞到达脑部和皮肤。因此，我们看到，随着浓度梯度降低，细胞离它的出发地越来越远。

多样性才是人类生存下来的关键

迈克尔·莱维特（Michael Levitt，2013年诺贝尔化学奖得主）

其实，每一个人都是有机的生命体，我们可以从生物学中学到什么呢？我们可以解决人类面临的大问题，不仅仅是科学问题，还有社会问题，比如治理的问题、平等的问题。如果我们不能解决这些问题，未来可能就没有科学了。

生物学给我们的启示就是演化，演化并不是"适者生存"，而是最具备多样性的物种能够存活下来。世界上有许多不同的物种，它们有不同的大小、尺寸和颜色，多样性才是能够让物种生存下来的关键。生物学说明了多样性的重要性，任何一个物种如果没有多样性，那就是逆潮流而动，逆演化的方向而动，就如同投资者不会把所有投资放到一个"篮子"里一样，所以多样性是必需的。

在未来的某一天，别人可以解读我们的想法

莱斯利·瓦利安特（Leslie Valiant，2010年图灵奖得主）

我们往往会去想，人类的特征可能永远没有办法被机器所模仿。当然，也可能有另外一种情况，就是机器会对人类那些非智能方面的特征进行模仿，比如人体的形态。但是，我们要试图去制造一个能够思考的机器，这对我们而言完全是一件新的事情，整个思考过程还是非常充满挑战的。

我们现在有一个研究项目，即通过计算机的方式，希望能够将现有科学的研究更进一步，促使我们能够在一个现有科学以外的领域创造出科学。我们在某一个时刻会发现，我们并不是宇宙的中心，我们跟猴子是有共同的祖先的。在未来的某一天，我们会发现别人可以解读我们的想法，那会怎么样呢？

回顾20世纪的历史，有一些大事件是由化学家造成的

野依良治（Ryoji Noyori，2001年诺贝尔化学奖得主）

生命的本质就是化学，生命所有的功能都是由特定的化合物驱动的。对于人类来说，我们回顾20世纪的历史，有一些大事件是由化学家造成的。比如说海洋的污染，每一年都有1 000万吨塑料被排到海洋中去。有一些大事件甚至大灾难与一些化学家的失察、失职也有一定关系。如果我们要维持我们的文明，所有的利益攸关方尤其是消费者要担起责任并采取合适的行动。

虽然我们可能会遭遇政治压力，以及在监管机构和自由市场之间出现一些矛盾，但我们必须在科学上去验证这些负面的效应。

有些人天真地认为，从现在开始吃素、开电动汽车，气候变化问题就可以马上解决

安德烈·盖姆（Andre Geim，2010年诺贝尔物理学奖得主）

除了一些比较自大的总统和某些不相信气候变化理论的人之外，我们都相信气候变化是存在的。遗憾的是，即使是受过良好教育的人甚至是环境学家们也会认同一个论点——只要政府开始行动，我们所有的环境问题都能解决。这完全是一派胡言。

还有些人认为科学家会"变魔术"，只要给科学家们一些经费，让科学家们搞一些科学项目，就可以把这个问题解决了。一些科学家在片面地、简单化地理解气候变化问题上难辞其咎。比如，有些科学家认为只要发明了太阳能电池、使用风力涡轮机利用风力发电，就能解决这些问题。这件事情当然没有这么简单，需要花20年时间和很多投资，才能够慢慢解决。有些人天真地认为，从现在开始吃素、开电动汽车，气候变化问题就可以马上解决了。

那些拒绝接受全球变暖理论的人将会终结我们所有人的生命

格雷戈·塞门萨（Gregg Semenza，2019年诺贝尔生理学或医学奖得主）

地球上复杂生命体的历史开始于25亿年前。一个单细胞有机体学会了如何捕捉太阳能，并将其以化学键的形式存储在葡萄糖中，这些葡萄糖发酵分解为乳酸，使用了二氧化碳和水，最后产生了副产品——氧气。逐渐地，很多有机体都被埋在地下，这样大气中的氧气含量逐步提高，这些被填埋的有机体就是我们现在所知道的化石燃料。动物有机体变得更大、更复杂，它们知道如何把氧气传输到自己身上所有的细胞中。使用化石燃料最后导致大气中的二氧化碳急剧增加，从而导致了大气温度快速上升，并且造成了一些难以预见的结果，其中包括南北极冰川融化暴露了更多埋藏的有机物，从而释放出更多二氧化碳。冰会反射阳光，但是水会吸收它们。那些拒绝接受全球变暖理论的人会加速全球气候变暖，这将会终结我们所有人的生命。

我们不能把气候变化只看成是一个科学问题，这也是一个政治问题。作为科学家，我们必须发声，我们要大声疾呼：现在必须采取行动了。

如果我们要找到宇宙中的生命，研究系外行星的自转和公转很重要

迈克尔·W. 杨（Michael W. Young，2017年诺贝尔生理学或医学奖得主）

　　如果地球的自转周期不是24小时，或者地球停止自转，对我们会有什么样的影响？气候肯定不是我们现在这个样子了，气候带、温度和光照都会和我们现在熟悉的情况截然不同。如果地球停止自转，现在的生物多样性分布肯定会非常不一样。我觉得这两点会对生物的进化有很大的影响，会影响物种和物种之间的交互。

　　我们现有的实验室研究，包括地球化学方面的研究，帮我们思考地球最原初的一些生物分子的情况，这些研究其实都没有考虑到光和温度周期性的变化，我们知道有很多生物都会因为温度和光的改变而改变，有些生物对光是敏感的。生物分子和任何分子在变化的环境和不变的环境中会不会有不同的表现？我们可不可以预测到系外行星的自转和公转？如果我们要找到宇宙中的生命，研究系外行星的自转和公转是很重要的。

2050年，上海大部分地方都会被淹没在海洋之中

哈里斯·李文（Harris Lewin，2011年沃尔夫农业奖得主）

气候变化已经成为事关人类生死存亡的一个关键问题。有一个新的模型显示，到2050年，上海大部分地方都会被淹没在海洋之中。美国加利福尼亚州，也是我的家乡，近年来多次遭受山火侵袭。我们已经有很多技术手段减缓气候变化，但是我们需要一种根本性的、跨学科的、高阶的研究政策以及政治意愿，去改变我们人类的行为，去减缓和减轻气候变化的影响。

新材料的诞生，可以更好地保护我们的星球

邓肯·霍尔丹（Duncan Haldane，2016年诺贝尔物理学奖得主）

如果大家去学习一下分子动力学，会发现其可以帮助我们把物质原本的形态转变为非常难实现的一些拓扑形态。比如说，两层石墨烯以一定的角度旋转，其实可以实现超导电性等性能。

我们现在已经进入了原材料的新时代，除了依赖大自然给我们的现有材料以外，我们可以自己设计新的材料。这说不定可以帮助我们解决一些传统科学解决不了的问题，从而更好地保护我们的星球。

"液态阳光"是解决气候问题最好的一个方案

杨培东（Peidong Yang，2015年麦克阿瑟天才奖得主）

　　"液态阳光"可以作为一种新型化学能源，储存在化学键当中。我觉得我们可以在未来开发出必要的人工光合作用材料，通过化学键储存能源，这样一来就会有无限的大规模的免费能源储存。

　　大家也可以想象一下，未来我们的化学行业、能源行业、医药行业都会用到可再生的"液态阳光"，而不再是完全依赖传统化学原料，这样我们也可以解决二氧化碳排放以及全球变暖、气候变化等问题。这应该是帮我们回收二氧化碳的最好的一个解决方案。未来，我们也可以进行太空探索，比如说火星探索。因为"液态阳光"可以给外太空生存的人提供能量、食物等，这样的"液态阳光"需要跨学科的研究和思考。当然，这里还有很多基础性的问题有待解决，我希望越来越多的年轻科学家可以加入我们，一起研究"液态阳光"。

世界经济总量20年后会翻番，汽车、粮食、塑料的需求量也会翻番

约翰·哈特维希（John Hartwig，2019年沃尔夫化学奖得主）

除了健康方面的挑战，人类还面临发展的问题。世界经济的增速每年为3.6%左右，按照这样的速度增长下去，世界经济总量在20年后会翻番。也就是说，汽车的数量也会在20年后翻番，粮食的需求在20年后也会翻番，当然我们生产的塑料也会越来越多，可能未来10年生产的塑料比有史以来生产的量都要多。我们需要有长距离运行的汽车，我们希望能够发明性能更好的新型电池甚至是直接通过阳光来充电，也希望有好的方式来生产粮食、存储粮食。我们希望开发出来的新材料不是只能使用一次，而是可以重复利用，等等。

要用动态数学模型来指导政府决策

芬恩·基德兰德（Finn Kydland，2004年诺贝尔经济学奖得主）

我提出一个动态数学的问题，大家想象一下，如果社会可以同意以福祉乘函数，随着时间推移，不只是2019年、2020年，还一直延伸到未来。如果有一个动态数学模型，我们可以根据它来了解不同政府的政策如何影响到私营部门经济。这个问题的解决方案或者答案并不是一直不变的，今天的政策其实会影响到未来做的事情。随着时间推移，我们需要有一个好的政策或者最优的政策。在未来，原来的政策可能对已经做的决策没有影响了，政府可能会想要改变政策。如果这样的事情重复发生，对社会来说是非常糟糕的。这样的问题会影响到财政政策和货币政策，我们其实是有货币政策的解决方案的，其效果还不错。

如果我们能够精准编辑5个碳氢键，就可以生产出更好的药物

余金权（Jin-Quan Yu，2016年麦克阿瑟天才奖得主）

我现在研究的是分子编辑，能不能够精准地编辑分子，就像通过基因编辑培养"超人"一样，这个我们不确定。在分子层面，通过分子编辑，我们可以生成超级分子。我的一个同事的项目，就是希望创造更好的分子来治疗自闭症。如果应用在煤炭行业，不需要多少成本就可以获取更多煤炭。如果我们能够精准编辑5个碳氢键，就可以生产出更好的药物。我们预计，在未来10年，我们的研究会有更多进展，但我不知道能不能够实现或者什么时候实现，但是我们一定会尽己所能去实现它。

疾病的发展与人的衰老、行为都是可以通过化学物质来控制、改变和操控的

罗杰·科恩伯格（Roger Kornberg，2006年诺贝尔化学奖得主）

生物学中有非常伟大的一些思想，其中一个是生物学本身就是化学。我们都知道，所有的生物都可以从化学的角度去理解，从这句话延伸出来的逻辑是非常清楚的。如果从化学的角度看待生命，那么所有的生命，包括疾病的发展与人的衰老、行为都是可以被控制、改变和操控的。通过化学物质来做到这些操控和改变，这对我们来说，既是机遇也是挑战。

不要太担心机器人取代人类的工作

克里斯托弗·皮萨里德斯（Christopher Pissarides，2010年诺贝尔经济学奖得主）

人们现在很担心机器人会取代人类的工作，大家会觉得年轻人、老年人都将逐渐找不到工作。我觉得不是这样的，我是比较乐观的一派。新科技会让一些工作岗位消失，比如说120年前有了汽车之后，养马的人不再养马了，他们中的一部分人变成了汽车工厂的工人。大家会问，未来的工作机会在哪里呢？我也没有办法告诉大家一个答案，尽管不知道未来会走向何方，但是我觉得未来一定会有知识经济创造的新的就业岗位。

约翰·肯尼迪在20世纪60年代担任过美国总统，他也表达过类似的观点，人工智能（Artificial Intelligence，AI）的发展可能不会威胁就业。肯尼迪认为，如果人类有能力开发出机器，机器抢走人类的工作，那人类也会创造新的就业岗位。如果你想要有工作，一定会有的，就是不断去学习一系列技能，不要只做一件事情，而且要终身学习，工作了以后要持续学习。新的就业机会一定会出现，因为还有很多事情是人工智能做不到而人可以做到的。

很多时候，科学发展的进程要比生物进化快很多

杰拉德·特·霍夫特（Gerard't Hooft，1999年诺贝尔物理学奖得主）

我对比一下人类和技术，也就是用生命和生物学的方式做一个对比。很多时候，科学发展的进程要比生物进化快很多。人是什么时候造出飞机的？就是100多年前。我们看到鸟可以飞，人不可以飞，人怎么可以飞起来呢？因此，我们要造出有翅膀的机器。现在，人不仅可以飞，而且要比鸟飞得更高、更快，这就是飞行的例子。

还有建筑，我们现在的建筑要比树更高，因为我们现在已经学会了如何去建造超高层建筑，其他动物却做不到这点。但是，有一个例外，就是我们没有办法造出具有人工智能的机器，让它能够理解人类所说的东西，也就是说我们没有办法造出真正的人工智能。今天我们还是需要了解人类的思维过程。我并不是要提出一个解决方案，而是想说，我们要去学习智能的运作方式。

了解细胞为何凋亡，可以帮助阿尔茨海默病的早期患者

迈-布里特·莫泽（May-Britt Moser，2014年诺贝尔生理学或医学奖得主）

随着年龄增长，人类的大脑可能会丧失编码新的记忆的能力。我们研究了人类大脑中的海马体，发现如果没有相关机制，就无法导航和记忆。我们发现了那些帮助我们分辨空间位置的细胞，如果这些细胞凋亡的话，脑部的相关部位就会萎缩。阿尔茨海默病（Alzheimer Disease，AD）的预后就会比较差。

因此，我们接下来希望进一步了解，这些细胞为何凋亡并且设法阻止它们凋亡。这可以帮助阿尔茨海默病的早期患者，延缓他们的这些细胞凋亡的进程。

威胁来自人工智能，人类会逐渐被机器超越

蒂莫西·高尔斯（Timothy Gowers，1998年菲尔兹奖得主）

2100年的数学会是什么样子？这很难回答，我们也很难搞清那时的文明是什么样子，或许文明会崩塌，威胁到数学的发展，也可能会存在其他的问题，让人们觉得没有精力来纯粹地研究数学了。如果现有的纯粹研究数学的机构到那时还存在的话，我相信我们现在所做的数学研究应该也不会存在了。

有一个原因，虽然可能性很小，但我想说数学涵盖的范围越来越广了，每解决一个问题就会产生十个新的问题。人们工作越努力，成果就越容易被窃取，你可以看到现在的论文很长，引用了很多的文献，所以原创内容的形成变得越来越困难，进入数学界的门槛越来越高，年轻人也就不愿意学了。我不知道未来还会不会有人像我一样疯狂地钻研数学。数学研究的另一个威胁来自人工智能，而不只是深度学习，尽管现在深度学习还没得到重大的突破，但我做过相关的研究，我觉得计算机可以自己证明公式、定理，它可以自成体系。人类会逐渐被机器超越，这样的话，数学研究的门槛就变高了，等机器的深度学习发展到一定程度，我们想证明定理、公式直接输入机器里就可以，这种现象会很普遍。因此，人类在各领域都会面临着人工智能的威胁，我们需要找到新的学习和研究方式。

未来30年，计算机能够有减缓耐药性产生的能力

亚利耶·瓦谢尔（Arieh Warshel，2013年诺贝尔化学奖得主）

众所周知，当病原体突变，科学家们研发的药就没用了。当体系里一个因素有变化了，整个体系就需要去适应它。那么，我们如何让新药发挥作用的时间更长，并延长耐药性产生的时间呢？对于已知的药物，我们可以结合人工智能和基本的计算机模拟来延长耐药性产生的时间。我们也要用机器学习对病原体的生命活力开展计算。我相信未来30年，计算机能够有这样的能力。

我们应该能够解释机器学习的理论，不然它永远都是黑箱操作

约瑟夫·斯发基斯（Joseph Sifakis，2007年图灵奖得主）

大家都知道，人类文明的发展是基于知识的积累、生产和使用的。人类有两种体系的思维：慢速的和快速的。因此，我们的意识层面就分为两种：基于经验的和基于推理能力的。尽管这两种知识类型不同，但我想说明，内在的知识基于事实和经验；推理的知识用来解决问题时，需要用到意识层面的知识和工具。

此外，人类还发现了科学方面的知识，这很重要，以经验为基础的知识可以用来测验，科学知识可以使用数学模型。但随着计算机的发明，传统计算机更倾向于使用模型知识。现在我们有人工智能和神经网络，这就带来了两个重要的问题：第一，人类和计算机之间如何分工，我认为应该把人类包括进来；第二，我们应该提出能够解释机器学习的理论，不然它永远都是黑箱操作，所以我们应当创造新的理论。

我们不应该阻碍对于无用之事的追求

吉罗·麦森伯克（Gero Miesenboeck，2019年沃伦·阿尔珀特奖得主）

　　大众对科学通常有很大的误解，政府和资助机构也都会有误解，他们希望科学家的研究能够充满未来价值。实际上，未来价值很难预测。有的时候，有价值的科学研究没有清晰的路线图或者宏大的目标。可能有些分散的个人研究所产生的结果，却让人类如获至宝。曾经有过一篇十分知名的科学文章提到，我们不应该阻碍对于无用之事的追求。这篇文章十分重要，我们在追求无用的知识的时候，可能会有很多阻碍，但这是人类科学研究所必需的营养元素。

望远镜、电子显微镜和计算机，可以帮助我们仰望星空并细察生命

罗伯特·胡贝尔（Robert Huber，1988年诺贝尔化学奖得主）

开普勒天文望远镜极大地拓展了我们人类的视界，笛卡尔的一句话清晰地描述了这种情况：望远镜这一奇妙的仪器，让我们的视界超越了祖先，为我们创造了了解世界和自然的更好的工具。如果为这句话写上续笔，那就是望远镜包括电子显微镜和计算机，可以帮助我们仰望星空并细察生命本身。例如，电子显微镜呈现出来我们现在对生命的深入理解，人类的生命和健康在分子层面的斑斓世界里逐一展开，它加深着我们对当下和未来的理解。正因为透彻地理解了这一点，所以我们要帮助年轻的科学家，让他们扩大宏观视野，缩小微观视界。我认为，我们需要更多地支持中国的科学家，用不断更新的先进仪器，让充满智慧的思想碰撞，助力他们完成科学的理想和目标。

科学不应该让人不开心

厄温·内尔（Erwin Neher，1991年诺贝尔生理学或医学奖得主）

一个基础性的问题是科学和社会之间的关系，科学究竟能否真正地推进社会进步？客观地讲，是的，有相关的数据证明了这一点。但是，在欧洲社会，人们接受科学进步的便利，同时也觉得科学带来了不方便。很多人觉得科学发展得太快了，反而不开心，这是为什么呢？其实，人的认知是基于算法和逻辑，我们习惯和周围的人比、和最近的情况比，等等。但我想做的事情就是，神经科学要研究人们的情绪障碍，包括抑郁、上瘾和病理、害怕等，最后能否给别人带来幸福感，能否就科学达成共识。

文化多样性和生物多样性同样重要

考切尔·比尔卡尔（Caucher Birkar，2018年菲尔兹奖得主）

我在思考科学和幸福的关系。什么是幸福，人类几千年来都在讨论，但始终没找到答案。其实，人是否开心，通过扫描其大脑就可以确认。你的心智决定了你的幸福状态。现代心理学在诊断心理问题方面很有用，但心理学能帮我们治疗心理问题吗？仅仅与心理医生交流，显然是不行的。我们与身边人的交流很重要，你和他人的聊天方式会影响你的情绪。

我是文化多样性的坚定支持者，这和生物多样性同样重要。发达国家的人不一定比发展中国家的人更加幸福。每个国家都无须模仿其他国家的文化。

当然，身体健康也会影响心智健康。营养和饮食、医药、化学会帮我们保持身体健康。现在，世界人口爆炸式增长，但资源是有限的，气候变化也会让资源变少，这可能会影响幸福感。

脑科学现在还处于婴儿阶段

爱德华·莫泽（Edvard Moser，2014年诺贝尔生理学或医学奖得主）

　　我比较关心大脑。我原本的知识背景是心理学，认知是更高层面的大脑行为和功能。之后我开始研究神经科学，大多是研究单个细胞——单个细胞能对环境做出反应，很多细胞在一起会如何反应呢？这会对认知产生什么影响呢？现在的研究会主宰21世纪的神经科学。我们需要记录几百几千个细胞组合在一起的行动。我所在的实验室里的项目想得到更多的关于大脑系统如何运作的理论。脑科学现在还处于婴儿阶段，我们要看细胞组合在一起如何运作。希望年轻人考虑进入神经科学领域，这不仅可以帮我们了解认知，也能帮我们更好地应对精神疾病。

科学研究必须由好奇心驱动

巴里·巴里什（Barry Barish，2017年诺贝尔物理学奖得主）

关于引力波探测器的研究，完全是由好奇心驱动的，这也是"大科学"成功的一个绝佳案例。大家早已达成共识：科学研究必须由好奇心驱动，但伴随着好奇心和想象力的往往是风险，我一直想问：应当如何包容好奇和风险、克服各种障碍，来支持人们坚持科学探索？

引力波探测器的相关研究，我们做了20年，背后有很多支持者。但是，比较小型的科研项目，会不会得到类似的足够资金？一些投资机构不想为失败负责，如果他们只支持20%的项目，那么很多科学研究将无法展开。在现代科学中，仅靠个人的力量是很困难的。

事实上，一些非常重要的研究，现在可能暂时是失败的，但并不等于以后也会失败。我们应该怎么去追求那些出于好奇心的高风险项目呢？我们目前遇到了很大的障碍，我期待我们能在未来找到答案。

21世纪末会出现真正的"超级大脑",就像我们发现外星人一样

乔治·菲茨杰拉德·斯穆特三世(George Fitzgerald Smoot Ⅲ,
2006年诺贝尔物理学奖得主)

我想聊一聊"超人"。

科学将对人类造成哪些影响呢?可能会产生所谓的"超人",现在已经快要接近奇点了。这样的生物可以做人类80%~90%的工作,未来可能做得更多。

产生超人类的方式有三种:第一种是通过转基因。我问学生,愿不愿意给自己的孩子做转基因让他们更聪明,现在已有科技手段可以做到,大家还是有些顾虑。第二种是在医学领域,产生了新的关节或让人获得新的能力。第三种就是电子化、信息化的人类,具备更快的信息处理速度和生活节奏。

世界顶尖科学家协会有一个说法:协会由人类"最强大脑"组成。2019年,可能是我们最后一次这么说了。在不久的将来会出现一些"超级大脑",可能不是人类。到21世纪末,还会出现一些真正的"超级大脑",就像我们发现了外星人一样。

当我们探索未知事物时，就像竞猜游戏一样

弗兰克·维尔泽克（Frank Wilczek，2004年诺贝尔物理学奖得主）

　　在量子力学中，我们想要理解事情发生的可能性，就需要一个量子模拟系统。在这个模拟器中，我们可以控制状态，可以进行复杂的运算以达到最终的目标。其中也会用到波函数，它有一个特性，每次只能进行一个方面的测量。因此，想要理解量子物理的体系在做什么，这很有挑战性。如果我们想知道量子计算机是否在做我们想让它做的事情，就需要很多计算和监测，涉及的函数也很复杂，所以需要一种智能的方式。当我们需要组织和探索未知的事物时，有不同的方向可以着手，但你不知道从哪里开始。这就像竞猜游戏一样，很有乐趣。

太阳可能在5亿年后变得特别炙热，让人类无法再在地球上生存

谢尔顿·李·格拉肖（Sheldon Lee Glashow，1979年诺贝尔物理学奖得主）

人类生存面临一系列挑战和威胁，比如我们最亲爱的太阳在5亿年后可能会变得特别炙热，让人类无法再在地球上生存。还有一些短期问题，可也必须解决，特别需要我们的年轻人来应对。

第一是核威胁。"冷战"早已结束，但核武器仍然存在。有时，世界还会出现剑拔弩张的局面，一些国家和地区受到了核威胁，我们必须想办法来降低核战争发生的概率。

第二是流行病。100多年前的全球流感，造成了5亿人患病。将来可能还会重演，会出现一些变异的、未知的病毒，在全球大范围传播。

第三是气候变化。我们已经做了一些事情。15年前，我在波士顿大学就讲授了一门能源科学相关的课程。15年后的今天，二氧化碳在大气当中的浓度仍在不断上升。

我们必须知道，我们终将知道

让−马里·莱恩（Jean-Marie Lehn，1987年诺贝尔化学奖得主）

科学对人类产生了哪些影响？先让我们看一看科学的三个重要"支柱"：物理，探究宇宙定律；生物，追寻生命规则；化学，沟通两者的桥梁。

我想提醒大家，2019年有两个对人类发展十分重要的纪念日：第一，在500年前，达·芬奇去世了，他是科学家、艺术家和工程师，将科学与艺术做了非常好的结合；第二，门捷列夫在150年前发表了元素周期表，囊括了我们所有可见的物质，人体和宇宙一样，都由这些元素构成。

最后，我想引用德国数学家大卫·希尔伯特（David Hilbert）的名言："我们必须知道，我们终将知道。"科学会塑造我们的未来，我对此充满信心。

第2章

如果人工智能疯了，我们将无计可施

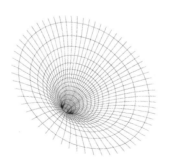

张唯　王心馨　编撰

2013年诺贝尔化学奖得主迈克尔·莱维特：

"人工智能只是工具，真正宝贵的仍然是人类的思考。"

2017年诺贝尔物理学奖得主巴里·巴里什：

"人工智能算法有'黑匣子'，人类并不知情。"

2007年图灵奖得主约瑟夫·斯发基斯：

"如果我们不了解人工智能如何做出决策，就不应该接受人工智能在大量场景下使用。"

2001年诺贝尔化学奖得主野依良治：

"人类必须掌握使用人工智能的主动权。"

2018年菲尔兹奖得主考切尔·比尔卡尔：

"没有人工智能，我可能还要再花一年时间验证一个错误的东西。"

2010年图灵奖得主莱斯利·瓦利安特：

"我们的恐惧，源于我们对人工智能的'黑匣子'了解甚少。"

2014年诺贝尔生理学或医学奖得主迈-布里特·莫泽：

　　"如果一个人疯了，我们可以治好他，或者至少可以控制住他；但如果一台人工智能的机器疯了，我们将无计可施。"

2014年诺贝尔生理学或医学奖得主爱德华·莫泽：

　　"人们应该警惕人工智能与脑机科学的风险。我们应该决定用它做什么、不做什么。"

2013年诺贝尔化学奖得主亚利耶·瓦谢尔：

　　"无人驾驶汽车一旦出问题，惩罚措施是绕不过去的话题。"

1998年菲尔兹奖得主蒂莫西·高尔斯：

　　"我所从事的数学研究工作是最终会被人工智能取代的工作之一。"

2010年诺贝尔经济学奖得主克里斯托弗·皮萨里德斯：

　　"人工智能会让一些工作岗位消失，但也会创造一些新的职业。"

2019年沃尔夫农业奖得主戴维·齐尔伯曼：

　　"我们如果要打败人工智能或者机器人，就必须不断地保持自主学习。"

人工智能到底是人类的机器还是武器，是助手还是对手？未来有一天，人工智能会取代人类吗？

或许2013年诺贝尔化学奖得主、计算化学的奠基人迈克尔·莱维特的这段追问值得我们倾听。他说："人工智能更多做的是一些基础性工作，只知其然，不知其所以然，它就和语言、纸笔、手机、计算机等工具一样。这个世界上的很多事情，都是随机发生的，有时偶然性就是决定性。计算机能做的事情很多，我们人类需要去做的是理解计算机所呈现的事物背后的意义。说到底，真正宝贵的仍然是人类的思考。"

人工智能显然是这个时代最热门的科技话题之一。如同人类历史上任何一种全新的技术或者发明横空出世时所面临的困境一样：人类热烈欢迎它，人类对它迟疑、恐惧，人类赞美它，人类诅咒它。人工智能现在面临的是同样的境遇。

英国数字、文化、媒体和体育部原部长马特·汉考克（Matt Hancock）给予人工智能最彻底的赞美，他说："我们正处于一个新技术革命的山脚下。在我们有生之年，人工智能具有与19世纪的蒸汽机一样驱动经济变革的潜力。"

科学家们的态度可没有这么乐观，甚至略微偏向于审慎的悲观，或者说审慎的消极。

人工智能算法有"黑匣子"，人类并不知情

莱维特认为，大数据和人工智能固然让各个学科构建模型变得更容易，但是这些技术很难告诉科研人员"为什么"，所以真正宝贵的仍然是人类的思考。

莱维特和另外两位美国科学家因在"构建多尺度复杂化学系统模型"领域做出的贡献而分享了诺贝尔化学奖。诺贝尔奖评审委员会认为"他们把化学实验搬进了计算机虚拟世界"。莱维特是因为一种研究方法而获奖，而非某个具体研究成果，这在诺贝尔奖历史上是罕见的。

莱维特说，15年前，他的工作是为分子构筑电子模型，这使人们能够用计算机来研究化学。不过，现在的情况在某些方面改变了，得益于算力的提升，科学家们可以不用思考来构建模型，计算机可以胜任这一工作。

随着大数据和人工智能的发展，计算机能够替代人类思考的事务变多了吗？莱维特认为并非如此。他提醒道，想要依靠计算机建模来获得科学发展，这在未来会很难。

"假设我现在有一个模型，可以检测你有没有说谎，但是我不告诉你这个模型的运作原理，而是直接开始操作。你觉得你能接受对一个人的判定是基于一个你完全不了解的模型吗？再如，我们有一辆无人驾驶的车，我们不知道它到底是怎么运作的，看起来它运作得一切正常。但这样不够，因为我想要更多证据来证明这辆车不会在某些状况下出问题，像是阴雨天之类的。"莱维特坚信大数据和人工智能会使未来变得更好，不过人类

仍然需要自己思考。

从AlphaGo战胜人类顶级围棋选手，到人工智能系统以90%的准确率诊断儿科疾病，近年来，人工智能已经在某些领域接近或超过人类智能。

"但从科学家的角度来说，人工智能能自己做出科学研究并提出科学发现吗？"2017年诺贝尔物理学奖得主、美国实验物理学家巴里·巴里什一直心存这样的疑问。

人工智能在科研领域有何应用？人工智能可以独立进行科学研究吗？人工智能是否会取代科研工作者？人工智能真的可以在科研领域大显身手吗？

巴里·巴里什说："关于这个问题，我无法回答，也不确定。"

在他看来，人类做研究遵循的是科学的实验步骤和方法，任何科学研究的发现都需要调查过程和证明过程，但人工智能得出结论的过程显然和人类不同。

他解释，人工智能算法有"黑匣子"。人工智能究竟是如何得出结论、如何思考的，我们并不知情。"它只是输入了它所拥有的最好的数据，然后得出结论。但从科学家的角度来说，我们从牛顿的书中学到如何做科学研究、如何用科学的方法建立真理，需要大量的测试和实验，并且即便有一个新的发现，往往也会是错误的结论。"

巴里·巴里什是激光干涉引力波天文台（LIGO）的元老级人物。2017年2月11日，在爱因斯坦提出广义相对论百年之后，担任实验组负责人的巴里·巴里什宣布LIGO成功探测到引力波这一"时空的涟漪"，此举震惊全球物理学界。巴里·巴里什也因此获得2017年诺贝尔物理学奖。

2007年图灵奖得主、国际嵌入式系统研究中心Verimag（格勒）实验室创始人约瑟夫·斯发基斯也对人工智能进行科学研究持怀疑态度。

约瑟夫·斯发基斯是第一位荣获图灵奖的法国研究人员。他认为，人类与计算机差别很大，不同之处在于："人类可以独自学习，想象各种场景，处理许多复杂的问题，甚至创造新的问题，但计算机离具备这样的能力还差得很远。"

我所从事的数学研究工作是最终会被人工智能取代的工作之一

不过，对人工智能赞不绝口的科学家还是大有人在。

1998年菲尔兹奖得主、英国数学家蒂莫西·高尔斯爵士说："50年后，如果还有数学家在努力寻找定理的证明，我会感到惊讶。"

蒂莫西·高尔斯是数学作家、剑桥大学纯数学和数学统计系教授，塑造了一系列巴拿赫空间中完全不具备对称性的结构。1998年，因将泛函分析和组合学领域连接起来，35岁的高尔斯摘得了数学领域的皇冠——菲尔兹奖。

早早获得数学领域的最高奖使他有了更多自由思考的空间。最近10年，高尔斯将人工智能视为自己的"副业"，从事关于自动定理证明的研究，对人工智能在数学领域的应用饶有兴致。

他介绍道，这项研究的最终目标是让计算机产生新的数学发现。当前的计算机还不能实现这个目标，但他认为，这是一个令人着迷的想法。

数学被视为人类智慧皇冠上最灿烂的明珠。通常，人们认为这样对创造性有很高要求的工作很难被人工智能取代。不过，高尔斯说，数学研究确实需要创造性，但这不是某种神奇的创意，并非无法在计算机上复制。

高尔斯提出这样一个问题：在2100年，数学会变成什么样？"很不幸，这个答案取决于人类文明是否以目前的形式存在。即便如此，我相信数学研究也将不再像我们现在理解的那样存在。"

"可能的原因是,"高尔斯解释道,"对很多人来说,为了超越已知的数学而付出的努力可能不再值得。"他提到,数学领域"容易摘得的果实"已被前人摘取,数学论文越写越长,未来进入数学研究的门槛越来越高,"这会让年轻人不愿意学数学"。

"更大的威胁来自人工智能。"他认为,人工智能可以证明数学公式和定理,甚至自成体系。如果人工智能到了某种程度,也许以后证明数学公式只需要直接向计算机输入相关数据即可。

"我所从事的数学研究工作是最终会被人工智能取代的工作之一,"他说,"但我认为这还有很长一段时间,也许要几十年,比人工智能取代汽车工厂工人的工作所需要的时间更久。"

"如果这样的事情真的发生,数学家应该怎么办?"高尔斯沉思后表示他无法给出答案。

他解释道,在整个人类历史中,人类做过的很多工作,后来都被技术超越,人类不再被需要。数学研究可能就是其中之一。"这种现象会越来越普遍,到那时,我们需要找到新的人类生存的意义。"

另外一位数学家、2018年菲尔兹奖得主、剑桥大学教授考切尔·比尔卡尔也高度评价人工智能对他的帮助。他说:"2018年我想证明一个东西,做了四五个月也没有证明出来,我就怀疑里面是否有什么东西做错了。因此,我人生当中第一次用计算机做了一些计算。"检查计算结果后,他意识到自己想证明的东西是错误的。比尔卡尔说,这为他节省了一些时间,否则他可能还要再花一年时间验证一个错误的东西。

考切尔·比尔卡尔是一位来自伊朗的数学家,主要研究双有理几何。2018年,因证明了法诺簇的有限性及对极小模型纲领有所贡献,他被授予菲尔兹奖。

2001年诺贝尔化学奖得主野依良治也认为,在化学领域的材料设计和有机合成方面,人工智能已经有了广泛的应用。"人工智能是一种非常有用的工具。当下,它能帮助科学家进行科学设计,促进科学研究。"

野依良治1938年9月出生于日本兵库县芦屋市。在前人的研究基础上,野依良治开发出了性能更为优异的手性催化剂。这类催化剂用于氢化反应，能使反应过程更经济，同时大大减少有害废弃物的产生，有利于环境保护。2001年，因其在手性催化氢化反应研究领域的不断创新，野依良治被授予诺贝尔化学奖。

如何让未来研发的新药能有效地抗击耐药性？2013年诺贝尔化学奖得主亚利耶·瓦谢尔寄希望于人工智能。"结合人工智能和基本的计算机模拟，对已知的药物，我们可以利用机器学习来获得99%的预测成功率。但目前，人工智能对于未知的新药预测能力还很差。"

瓦谢尔认为，人工智能的一个研究方向是对病原体的生命活力进行计算。"人工智能有很多的工作可以去做。在未来的30年里，计算机可以给出各种各样的建议。"

瓦谢尔出生于1940年，是以色列生物化学家。他为复杂化学系统建立了多尺度模型，建立了结合量子力学和经典力学的计算化学方法，因此获得2013年诺贝尔化学奖。

如果一台人工智能的机器疯了，我们将无计可施

科幻小说、电影中到处都有人工智能，尤其是智能机器人的例子。比如，《银河系漫游指南》中的艾迪、《星际穿越》中的机器人塔斯、《机械姬》中的伊娃。这些作品中描述的机器人都有一个共同点：容易出错，而且会对人类造成伤害。

2010年图灵奖得主莱斯利·瓦利安特认为，造成这种恐惧的原因是，目前我们对人工智能的"黑匣子"了解甚少。

"现在有一个非常大的争论，就是人工智能是不是能够以一个很深的网络来描述理解。人工智能可以学很多不同的东西，但是这些不同的东西可能很难变成人们可以认知的东西。这相当于你学了不同的数学概念，学了不同的英语单词，相互之间好像可以连在一起，但是这里肯定有一个逻辑推理过程。"

以深度学习为例，人工神经网络一旦被训练，即使是人工神经网络的设计者也不知道它是如何做到的。即便如此，许多大公司正在使用这项技术进行商业活动，譬如谷歌的搜索提示、脸书的好友建议，还有自动驾驶汽车等。

我们无法解释人工智能够做出决策的原因，那么，人工智能比如说智能机器人，应该以什么样的身份出现在人类生活中？当它们失控、做坏事甚至伤害到人类时，我们该如何解决？

2014年诺贝尔生理学或医学奖得主、挪威科学家迈-布里特·莫泽的观

点非常悲观："如果有一个人疯了，我们可以治好他，或者至少可以控制住他；但如果一台人工智能的机器疯了，我们将无计可施。"

同为2014年诺贝尔生理学或医学奖得主、挪威科学家爱德华·莫泽也抱持类似的观点。他说："将人工智能应用于神经科学领域可以帮助人们更高效地处理数据、理解大脑的工作模式，但同时应警惕人工智能与脑机科学的风险。我们应该决定用它做什么、不做什么。我认为，设置具体的界限，现在为时尚早。但不管是神经科学家，还是非神经科学家，都需要参与到这个讨论中来。"

2019年7月，硅谷"钢铁侠"马斯克旗下的脑机接口初创公司Neuralink（神经连接）宣布了一项在瘫痪患者体内植入电极的计划，目标是使瘫痪患者能够用大脑操作计算机。Neuralink公司表示，整个过程是在瘫痪患者的头骨上钻四个8毫米深的孔，并置入植入物，使患者能够用自己的想法控制计算机和智能手机。

更进一步，当人类能克隆自己时，我们又该如何处置自己与克隆人之间的关系？克隆人能被称为真正的人类吗？

迈-布里特·莫泽认为："从克隆技术的角度说，你可以拥有我所有的基因、我身体当中的每一个要素，但是你能够复制一个我吗？让'他'坐在那里，然后跟我长得一模一样，你觉得这是可能的吗？我觉得这是不可能的，因为现在的我并不仅仅是由我的基因塑造的，我现在已经活了55年了，有了很多的体验，这些是我的复制品没有经历过的。我们之所以为人类，是因为我们有基因、有生物组织，在跟环境不断地交互和互动。"

在她看来，把人类所拥有的记忆和体验都放到机器人身上重现，这才是难点。

迈-布里特·莫泽列举了人脸识别的例子。当前，人脸识别技术已经非常成熟，但如何应用还是个难题。2019年，美国的旧金山成为美国第一个禁止政府使用人脸识别技术的城市。反对使用这项技术的人认为，如果不对这项技术进行规范，将会为政府提供前所未有的权力来跟踪人们的日常生活。

"因为仅仅是一个小像素的不同，就会导致识别失败，人脸识别系统会把你识别成另一个人了。如果我们用它来追踪罪犯，因这种面部识别的错误而抓到错误的嫌疑人，那就非常危险了。因此，我们要非常小心地使用这些工具，这对我们很重要。这些技术可以让我们的生活更加方便，但是我们同时也应该保持警惕。"迈–布里特·莫泽说。

迈–布里特·莫泽同时指出，如果我们特别想要解决一个问题，并找到答案，我们往往会忘记自己做了什么。

"人工智能现在已经出现了，这是真实的。现在的人工智能是人类没有办法理解的，这种情形会不断发展下去吗？人工智能的判断是不是人类无法理解的东西，这会产生什么样的影响？我觉得我们可能必须小心谨慎，这里有很多伦理道德的问题。监管可能是非常重要的一点，即如何用道德来约束或者监管我们现在做的事情。"

2007年图灵奖得主约瑟夫·斯发基斯的观点更为简单直接，他认为应该直接拒绝人工智能大面积、无节制地使用。"我们正处在大型革命的开端，机器在很多时候被认为可以替代人类了。为了能够应对自主系统的挑战，我们需要进一步研究。在尚未理解这些机器如何做出决策的情况下，我们不应该接受这样的技术在大量场景下使用。"

约瑟夫·斯发基斯称："要构建下一代自主系统，需要很多限制，因为我们要在自主系统中设置各种预防意外的措施，能不能信任它们就是一个问题。此外，自主系统还需要建设各种架构，而整个系统是高度动态变化的，这里就有一个非常大的安全隐患。"

关于无人驾驶，我们非常盲目乐观

当下，除了人脸识别，人工智能技术发展最有代表性的另一项落地技术当数无人驾驶了。关于无人驾驶所涉及技术发展下的伦理道德约束，以及技术与人之间的关系，科学家们显得忧心忡忡。

科学家们认为，与飞机和火车在出厂时都经过严密的安全测试不同，无人驾驶汽车出厂时并不安全，它只由一个"计算黑盒"来进行端对端的计算控制。在无人驾驶汽车出厂前，众多科技公司都认为自己的路测里程数已经达标了。

在科学家们看来，并非如此。"他们认为通过里程数统计可信度就够了，说这个无人驾驶汽车经过几百万千米的路测，都是安全的，因此他们就认为它是安全的。这种说法只是统计学意义的安全可靠性。做无人驾驶汽车的企业说他们生产的汽车已经很安全了，如果出问题他们可以赔钱等。这些都是非常盲目乐观的情绪。"约瑟夫·斯发基斯说。

针对自动驾驶安全千米数，约瑟夫·斯发基斯认为不能盲目信任数据，更重要的是应该在不同的危险场景下去实验，需要有各种各样的标准，尝试各种各样的选择，覆盖所有的场景，才能更好地保证自动驾驶汽车的安全。

2018年3月18日晚间，美国优步公司的一辆自动驾驶测试车在美国亚利桑那州撞倒了一名中年女性，这名女性在送医之后不治身亡，全球首例自动驾驶致死案就此发生。从这场事故开始，公众对于无人驾驶就有了反对的情绪。

约瑟夫·斯发基斯说："这个案例必须引起我们的重视，尤其是在技术的接纳程度上。关键问题就是，我们什么时候能够接受自动系统，就算不能够完全理解它采取什么样的行动或者什么样的决策，但我们该怎么样接受这种技术，也是必须讨论的问题。"

在约瑟夫·斯发基斯看来，人的行为、情绪也是影响技术的因素之一。在谈论人与技术的关系时，人的行为发生什么样的改变、公众对于这个会有什么反应，也是必须讨论和考虑的。

未来，我们或许会进入这样的场景：到处都是无人驾驶的车，或者无人驾驶车和人开的车混在一起。当发生交通事故时，如果这个事故是由人造成的，公众可能还能接受。但是如果这个事故是由机器造成的，那人们对机器的反对情绪可能会非常强烈。这是技术公司在研发自动驾驶汽车时，应该要考虑到的。

如果无人驾驶汽车出错造成了事故，该采取什么措施呢？在瓦谢尔看来，惩罚措施是绕不过去的话题。譬如，如果特斯拉的车造成了人类死亡，这个公司可能需要赔上数十亿美元。

约瑟夫·斯发基斯说："如果你想算责任的话，比如说人的责任是乘以10，人工智能被惩罚的后果可能要乘以1 000。现在的情况是，对许多车企来说，把研发的成本降一些，就可以把省下来的一部分经费给保险公司，从而用保险的方式来解决安全隐患。这样做的后果是很严重的。"

在未来至少40年内，不用担心人工智能会让人类失业

比起担心智能机器人意识觉醒甚至将统治人类，眼下更让人担忧的是，随着人工智能日渐精进，智能化发展的各行各业提高了产能效率，使部分重复性工作退出了历史舞台。看起来，人工智能让一部分人失业了。

这其实是一个老生常谈的话题，从工业革命爆发之初，自机器为商家创造利润的那一天开始，人类便开始了无休无止的失业焦虑。

在智能时代，什么工作会被机器人淘汰、哪些工作不容易被淘汰，如果不想自己被时代淘汰，我们可以做些什么？

英国广播公司（BBC）曾经基于剑桥大学研究者迈克尔·奥斯本和卡尔·弗雷的数据体系，分析了365种职业在未来"被淘汰"的概率，其中电话推销员、打字员、会计位居排行榜前三位。

连1998年菲尔兹奖得主、数学家蒂莫西·高尔斯都担心他的工作最终将被计算机取代。人类是不是真的会进入由人工智能带来的失业时代？

2010年诺贝尔经济学奖得主克里斯托弗·皮萨里德斯倒没有这么悲观。他说："大家现在很担心人工智能会取代我们的工作，觉得年轻人、老年人都将找不到工作。我觉得不是这样，我应该是比较乐观的一派。人工智能会让一些工作岗位消失，但也会创造一些新的职业。比如，120年前有了汽车之后，养马的人不再养马了，他们中的一部分人变成了汽车工厂的工人。大家会问，未来的工作机会在哪里呢？我也没有办法告诉大家一个答案，尽管不知道未来会走向何方，但是我坚信未来一定会有知识经济创

造的新的就业岗位。"

克里斯托弗·皮萨里德斯认为，所有的技术都会使原有的岗位消失，特别是在美国和欧洲，自动化会让很多岗位消失，每三个月就有20%的岗位消失了。除了重复劳动的工作岗位，服务业也会受到自动化的影响。克里斯托弗·皮萨里德斯特别提到，到2019年，服务业占中国GDP的比重已经达到53.6%，美国有80%的劳动力在从事服务业，所以服务业肯定会受到自动化的影响。在中国，40%的劳动力在工业领域就业，这个效率是比较低的。在美国，工业领域的劳动力占比只有12%，所以他认为自动化肯定会让一些低效率的工作岗位消失，但会创造一些高效率的工作岗位。

克里斯托弗·皮萨里德斯还提到了一个有意思的观点：在人类历史中，哪一个时期经历了因为创新而产生的岗位消失？哪一个时期经历了最大的就业岗位变革？答案就是中国改革开放之后，那是人类历史上最大的就业岗位变革。因为在20世纪80年代之前，中国人口的70%都是务农的，但到2010年只有15%是务农的了，也就是说有55%的人口改变了工作。很明显，这是因为1978年改革开放后他们改变了工作。但这是坏事吗？显然，这不是坏事，所以他并不担心人工智能会让人类失业，至少未来40年不需要担心。

更早之前，美国前总统约翰·肯尼迪曾发表过一个观点：如果人类有能力开发出机器，机器会抢走人类的工作，那人类同时也会创造新的就业岗位。如果你想要有工作，一定会有的，那就是不断去学习一系列技能，不要只做一件事情，而且要终身学习。因为还有很多事情是人工智能做不到而人可以做到的。

在人工智能时代，我们应如何通过学习让自己提高，才不会被机器取代呢？

克里斯托弗·皮萨里德斯的观点是："这个跟行为经济学关系不大，而是关系到人力资本的问题，我们应该想一想如何调整人力资本的策略。我们要先去调整我们的人力资本的框架，培养一些高素质的综合性人才，让他们有不同的劳动技能；然后让一些比较新兴的产业能够吸纳人才，并让他们得到学习和培训。"

他同时表示，未来，我们不能够全部指望大学培养完全对口的专业人才，必须确保人们是可以自学的，让他们可以随着科技和行业发展不断改善自我，提高自己；让他们有自主学习精神，而不是处于被动状态，被迫无奈才去学习，才去转型。

2019年沃尔夫农业奖得主戴维·齐尔伯曼也认同克里斯托弗·皮萨里德斯的观点。他说："我们如果要打败人工智能，就必须不断地保持自主学习。我给大家举个简单例子，35年前我第一次到中国，几年前我又一次到中国，这次，我发现现在中国出现了很多新的职业，跟我35年前看到的情况完全不一样，而且可以看到中国人的生活质量是大幅提升的。我10年前和现在去非洲，发现非洲的职业或者就业类型没有什么太大的变化。职业或者就业岗位之所以出现很大的变化，是因为有很多创新出现了，这些创新创造出新岗位、新技能，等等。创新可以大幅提升人们的生活质量，让人们生活的世界变得更好。从统计学上来看，中国人的生活质量肯定比之前好了很多很多，我觉得这是因为中国最近几十年经历了很多创新和变革。改革或者变革会带来很多新岗位，也会让很多旧岗位消失，我觉得政府需要做一些应变的对策。"

政府可以采取哪些举措来帮助那些工作可能会被人工智能替代的人呢？

克里斯托弗·皮萨里德斯的看法是，要追赶趋势、追赶技术。这不是人类自己的事情，政府要提供一些额外的激励，而不是完全不管，因为进行终身学习的最好场所是在企业，而不是在大学。如果一个人一直在一个企业工作，其实他可以在岗位上不断学习。政府要做的一项很重要的工作，就是提供培训经费或者培训激励机制。

克里斯托弗·皮萨里德斯说："我在新加坡看到一个很好的解决办法，每一个劳动者都有一个培训账户，这是政府层面推动的。政府给每一个劳动者的账户提供了相当于500美元的新加坡元的培训经费，这些培训经费可以让企业给这些劳工进行培训，相当于政府批准企业可以开展内部培训工作，劳动者可以选择去哪儿培训。这就是政府提供的一种激励，鼓励人们终身学习。我认为企业比大学更适合承担这种培训职能，就是这个原因。"

是时候考虑建构人工智能的伦理道德和法律框架了

面对越来越强大的人工智能技术，未来的人类该如何与之相处？事实上，人工智能当下已经显露出许多亟须关切的监管问题：数据隐私、数据安全、算法"黑箱"、技术滥用……

2001年诺贝尔化学奖得主、日本科学家野依良治最为担心的是人工智能武器化的问题。他说，至少现在我们不需要对人工智能感到恐惧，但预测未来是很困难的。"如果超级人工智能未来被运用到其他领域，比如武器领域，也许情况就不是这样了。因此，我觉得人类必须掌握使用人工智能的主动权。"

事实上，面对人工智能可能引发的危机，很多国家已经在行动。

2018年3月，有"欧盟智库"之称的欧洲政治战略中心（European Political Strategy Centre）发布题为《人工智能时代：确立以人为本的欧洲战略》的报告。该报告建议欧盟把政策目标设定为使人们感到被人工智能赋能，而非被其威胁。

在此建议下，2018年4月25日，欧盟委员会发布的一份政策文件《欧盟人工智能》(*Artificial Intelligence for Europe*)提出，欧盟的人工智能发展道路必须确保人工智能在适宜的框架内发展。这个框架应既能促进科技创新，又能尊重欧盟的价值观、基本权利和道德原则。在欧洲价值观的基础上，欧盟委员会提出了一个三管齐下的方案：增加公共和私人投资、为人工智能带来的社会经济变革做好准备、建立起适当的道德和法律框架。

2019年4月8日，欧盟委员会发布一份人工智能道德准则，提出了实现可信赖人工智能的七个要素，要求不得使用公民个人资料做出伤害或歧视公民个人的行为。

英国政府也在《人工智能：未来决策制定的机遇和影响》这份报告中详细地讨论了有关人工智能的伦理问题。这些问题包括：人工智能是什么？它是如何被利用的？它能给生产力带来什么好处？我们如何最好地管理在其使用中可能会发生的伦理和法律风险？

2018年4月16日，英国议会的一个特别委员会发布报告称，在发展和应用人工智能的过程中，有必要把伦理道德放在核心位置，以确保这项技术更好地造福人类。这份报告提出，应确立一个适用于不同领域的"人工智能准则"，其中主要包括五个方面：人工智能应为人类共同利益服务；人工智能应遵循可理解性和公平性原则；人工智能不应用于削弱个人、家庭乃至社区的数据权利或隐私；所有公民都应有权利接受相关教育，以便能在精神、情感和经济上适应人工智能发展；人工智能绝不应被赋予任何伤害、毁灭或欺骗人类的自主能力。

美国较早开始关注人工智能驱动的自动化将给就业、经济和社会带来的影响，试图通过制定政策来应对相应挑战，并确保人工智能的发展能释放企业和工人的创造潜力。

2016年10月，时任美国总统奥巴马发布了《美国国家人工智能研究和发展战略计划》，并称其为新的"阿波罗登月计划"。这是全球首份国家层面的人工智能战略计划。奥巴马提到专用的人工智能已经在医药、交通、输配电等众多领域提高了经济运行的效率，但人工智能也可能存在对人类不利的方面，比如减少就业机会、影响工资水平和社会平等，政府需要对此进行研究。

2019年2月11日，时任美国总统特朗普签署了一项名为《维护美国人工智能领导地位》的行政命令，正式启动美国人工智能计划。同日，美国白宫官员发文称，美国联邦政府将集中资源发展人工智能，以"确保美国在人工智能方面的优势"。

中国对人工智能技术的治理问题，也颇为重视。

2019年2月，中国科学技术部牵头组建了国家新一代人工智能治理专业委员会。同年6月，该委员会发布了《新一代人工智能治理原则——发展负责任的人工智能》文件，强调发展负责任的人工智能。该文件突出了"发展负责任的人工智能"这一主题，强调了和谐友好、公平公正、包容共享、尊重隐私、安全可控、共担责任、开放协作、敏捷治理八条原则。中国工业和信息化部在2017年颁布的《促进新一代人工智能产业健康发展三年行动计划（2018—2020年）》，也对人工智能治理提出了要求。

在中外科学家们看来，各国政府对人工智能技术所保持的审慎和警惕的态度是科学的，也是必要的。

2017年诺贝尔物理学奖得主巴里·巴里什说，人工智能能帮助人类更好地提出科学发现，但人工智能也会带来数据安全问题。在探测到引力波的过程中，巴里·巴里什就遇到过这样的情况。"当我们第一次探测到引力波时，我们想到的第一个问题是如何证明和测试它是真的，这是做科学研究必须想到的。紧接着我们又想到了第二个问题，我们如何证明探测到的引力波不是别人入侵后植入的数据？好在我们的系统能够追溯信号来源，才解决了这个担忧。"

包括约瑟夫·斯发基斯在内的很多科学家都提到了并列为人工智能最让人担心的问题就是，人工智能算法的"黑箱问题"。这是指科学家能够获知人工智能算法最终得出的结果，但是并不清楚这个结果产生的原理和原因。这就是人类恐惧人工智能的核心。

人工智能到底是人类的生产工具还是武器，是助手还是对手？未来有一天，人工智能会取代人类吗？

或许，2013年诺贝尔化学奖得主迈克尔·莱维特的这段话值得我们倾听，他说："人工智能更多做的是一些基础性工作，只知其然，不知其所以然，它就和语言、纸笔、手机、计算机等工具一样。这个世界上的很多事情都是随机发生的，有时偶然性就是决定性。计算机能做的事情很多，我们人类需要去做的是理解计算机所呈现事物背后的意义。说到底，真正宝贵的仍然是人类的思考。"

第3章

如果有一天人类真的发现了外星文明，那也是出自偶遇

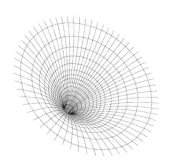

虞涵棋　张静　编撰

2019年诺贝尔物理学奖得主米歇尔·马约尔：

"我们的下一代将面临的问题是：是否有可能探测到外星生命？这对年轻人来说不是一个次要的问题，而是非常重要的问题。"

2019年诺贝尔物理学奖得主迪迪埃·奎洛兹：

"随着地理、物理、生物、化学的发展，天文也在不断发展，这是非常长的故事，到最后我们必定会得到一些关于生命的答案。"

2004年诺贝尔物理学奖得主大卫·格罗斯（David Gross）：

"我们很希望能够证明霍金是错的，希望证明黑洞并不违反量子力学基本的原理。"

2004年诺贝尔物理学奖得主弗兰克·维尔泽克：

"黑洞可以收集轴子——一种可能是暗物质本体的粒子。"

2017年诺贝尔物理学奖得主巴里·巴里什：

"激光干涉引力波天文台在当时是个风险很高的项目。在科学上，欲成大事，必冒风险。"

1993年诺贝尔物理学奖得主约瑟夫·泰勒（Joseph Taylor）：

"我想如果有一天人类真的发现了外星文明，那也更可能出自偶遇，而非按图索骥。"

2019年，诺贝尔物理学奖再次花落天文物理领域。系外行星，这个在世界范围内一度只有八个人研究的"冷门"领域终获正名。

无数科学家一直在苦苦追寻着系外行星和地外生命，但是整个宇宙仍然神秘莫测。

在强大引力集中于一点、时空剧烈扭曲的黑洞附近，工笔勾勒微观世界的量子力学和大笔挥洒宏观宇宙的广义相对论，能否汇合成物理学的大统一？

除了黑洞碰撞和中子星并合激起的时空涟漪，人类从地下向太空进军的引力波探测还将捕捉到哪些壮丽的宇宙瞬间？

人类雄心勃勃，遍布地球的巨大望远镜网络会把绵延80年的射电天文学带向何方？

人类历史上第一次发现系外行星

太阳系外行星，简称系外行星，泛指在太阳系以外的行星。人类发现的首颗系外行星是"飞马座51b"，于1995年被发现。这是一颗巨大的气态行星，虽然和地球差异悬殊，但足够颠覆人类的宇宙观，并引发了一场天文学革命。

飞马座51b的发现者米歇尔·马约尔及其学生迪迪埃·奎洛兹因此斩获了2019年诺贝尔物理学奖。

"之前大部分天文学家都不认为有其他的行星系统，大家都觉得太阳系非常独特。"马约尔说道，在他发现系外行星的时候，世界范围内只有四个两人小组在寻找系外行星。

24岁在洛桑大学完成理论粒子物理方向上的硕士研究后，马约尔较为随性地决定攻读天文学博士。所幸的是，20世纪60年代正是欧洲天文学界的黄金时代，主流的实验室都在扩张。因此，他很容易就在日内瓦天文台找到了职位。

他的博士论文涉及星系的旋臂结构，但就在拿到博士学位的前夕，他又产生了一个随性的灵感：恒星的运行轨道是否会揭示出星系内的天体构成？

要解答这个问题，必须精确地测量恒星的径向速度，即天体在地球观察视线方向上的运动速度。当恒星靠近或远离地球，它的光谱会发生蓝移或红移，就像我们听到救护车驶近时鸣笛声调变高、远离时声调又变低一样。

这种测量超出了他的能力范围。幸运的是，他在剑桥大学访问期间遇到了一位志同道合的同事，他们开发出一种新型的自动多普勒光谱仪。随后，法国南部的上普罗旺斯天文台邀请他为更大型的望远镜设计类似的仪器。

半路出家的马约尔对多普勒光谱仪的精度做出了颠覆性的改进，对此，他深感骄傲。他研制的首台设备测量径向速度的精度约为300米／秒，在不断改进下，发现飞马座51b的ELODIE光谱仪精度达到15米／秒。目前，马约尔使用的光谱仪精度为1米／秒，而年轻的同事们已经开发出精度达到10厘米／秒的新设备。

颠覆性的精度改进会带来颠覆性的发现。有了ELODIE光谱仪，发现飞马座51b的踪迹只是时间问题。

这是因为行星的引力会拉扯恒星，使它的光谱产生有规律的"摆动"。稍加计算，就可以推测出行星的周期、质量和轨道形状。

1994年，马约尔和迪迪埃申请到了望远镜观测时间，每隔两个月可以观测一周。他们锁定了一大批需要追踪的恒星目标，每个周期观测一个。

当年底，马约尔前往夏威夷休假，迪迪埃留守上普罗旺斯天文台。没想到，马约尔前脚刚走，迪迪埃就在约50光年外的恒星飞马座51上看到了"摆动"。

时年28岁的迪迪埃并没有感到惊喜，而是被吓到了。他觉得，一定是自己的计算出现了问题。直到反复确认了将近半年，迪迪埃才敢向马约尔汇报自己疑似发现了人类历史上第一颗系外行星。马约尔只回复了简单的一句话："是的，可能吧。"

时隔24年，马约尔在斩获诺贝尔奖后剖析当时的心情："我们要牢记，在20世纪下半叶，曾有许多团队宣称发现了系外行星，但最终都被证明是错误的结果。因此，我作为教授，必须足够谨慎，不要再贡献一篇错误的论文。毕竟，根据当时的理论，像木星那样的大型气态行星一定会有超过10年的公转周期，但我们发现的天体的公转周期只有4天，差距将近1 000倍。这个偏差太大了，我必须很谨慎。"

最终，马约尔决定在投递论文前最后确认一次。1995年7月，当恒星飞马座51再次出现在观测视野里时，他们进行了重新测量。

"径向速度变化的振幅和相位都完全一样，直到那一刻我们才确信了这是一颗行星。我们仍然不知道它的公转周期为什么会这么短，这是个大问题。但我们确信，我们发现的确实是行星。"回想起当年的情景，马约尔说道。

马约尔和迪迪埃两家人在法国南部进行了一些庆祝活动，随后就加班加点写论文，赶在1995年8月底投给了《自然》杂志。1995年10月6日，他们在意大利佛罗伦萨举办的一场学术会议上报告了这个发现。

到目前为止，科学家们仅在银河系中就发现了超过4 000颗系外行星。已知最近的系外行星是"比邻星b"，距离地球4.25光年。

现在，马约尔还在智利沙漠中，利用HARPS光谱仪在新恒星的诞生区域寻找更多的系外行星。马约尔特别提到了HD10180这个星系，科学家们在其中发现了超过七颗行星。

我相信外星生命应该存在，虽然它们不一定是像你我这样的生命

生命要想在某颗行星上繁衍生息，液态水的存在至关重要，这意味着行星必须处于恒星的"宜居带"内——行星与恒星距离适当，温度条件允许液态水存在。2007年，11位科学家宣布发现首颗位于宜居带的系外行星"吉利斯581c"，其中就有马约尔。

系外行星和外星生命是一个非常古老的话题。

2 000多年前的古希腊唯物主义哲学家伊壁鸠鲁就曾提出，存在无限个世界，有些与我们所处的相似，有些截然不同；有些存在生命，有些死气沉沉。

"这些问题在现代天文物理学界依然存在。我们这一代人享有的优势是，我们具备探索宇宙的技术。我们的下一代将面临的问题是：是否有可能探测到外星生命？这对年轻人来说不是一个次要的问题，而是非常重要的问题。"马约尔说道。

在马约尔看来，如今天文学最激动人心的一个研究方向就是生物记号，即暗示行星上存在生命活动的光谱特征。要分析行星的光谱，难点在于剔除掉它围绕的恒星的光线。毕竟，行星反射出的光线相比起恒星本身微如萤火。

1995年，马约尔和迪迪埃用新一代光谱仪捕捉到系外行星的魅影。现在，地面上许多超大望远镜即将"睁开巨眼"，新一代太空探测卫星也蓄势

待发。随着设备更新，年轻的科学家们或许能解答那个终极问题。

尽管马约尔强调"科学"，但他认为："我个人觉得系外行星上可能有生命。当然，这需要满足很多条件，但系外行星的数量也很多。"他认为，宇宙中有数百亿颗甚至数千亿颗星球，它们肯定会有温度、水分等合适的组合。马约尔较为肯定地说："我相信外星生命应该存在，虽然它们不一定是像你我这样的生命，可能是简单的形式。细菌就算生命了。"

"现在已经不是说我们是太阳系内的生命，而是叫宇宙的生命。随着地理、物理、生物、化学的发展，天文也在不断发展，这是非常长的故事，到最后我们必定会得到一些关于生命的答案。"迪迪埃表示。

这个答案是什么？我们真能找到其他星球上的生命吗？迪迪埃无法确定。他认为，除非我们现在找到一个跟地球一模一样的星球，那就可以肯定这个星球上一定有生命。如果这个星球跟地球非常不一样，也许会被科学家错过，因为我们根本不知道该看什么、该关注什么。

迪迪埃说，其实生命就是由各种各样的化学物质构成，关键是要有这些合适的化学物质，并且存在一些元素可以保护星球。"现在有一些人开始通过倒推的方式构建地球的原始状态，因为我们知道地球现在是什么样的，我们想去构建当初的样子，我觉得这种做法是有局限性的，因为很多东西很难回到真正的原点。"但迪迪埃认为仍然有希望，因为科学家可以研究成百上千个类似地球的行星。

迪迪埃的老师马约尔将对地外生命的思考上升到哲学高度。他说："归根结底，我们要思考的是，生命到底是宇宙演变当中必然会出现的一部分，还是非常独特的、独一无二的，仅在地球发生。"这听上去是个哲学问题，但在他看来也是一个有科学维度的问题。

现在，伊壁鸠鲁设想的第一部分已经得到验证，那么关于其他世界上存在生命的设想到底是否正确呢？"这是我给年轻人提出的问题。"马约尔说。

黑洞是时空的陷阱

系外行星可能是地外生命的摇篮，接下去我们要走向另一个极端，介绍生命最不可能存在的地方之一——黑洞（Black Hole）。

提起黑洞，绝大多数人想到的第一个名字一定是霍金。不过，黑洞这个朗朗上口的名称，直到美国物理学家约翰·惠勒（John Wheeler）在1969年纽约的一次学术会议上正式抛出才流传开来。

2004年诺贝尔物理学奖得主、量子色动力学的主要奠基人之一大卫·格罗斯用一句话来形容黑洞："黑洞是时空的陷阱。"

我们接着来讲另一个大众不熟悉的名字，雅各布·贝肯斯坦（Jacob Bekenstein）。这位已故以色列物理学家是上面提到的黑洞命名者惠勒的学生。

1972年，贝肯斯坦在《物理学评论》上发表了一篇名叫《黑洞和熵》的论文，一石激起千层浪。他提出，黑洞的熵就是它的表面积除以普朗克常数的平方再乘以一个无量纲数。或者说，越大的黑洞熵越多，和表面积完全成正比。

由于信息和熵之间密不可分，这篇论文也给黑洞内所能包含的信息——乃至有限空间内所能包含的最大信息——规定了上限。后人称之为"贝肯斯坦上限"。

这篇论文激起的巨浪中，就包括霍金的质疑。

要知道，有熵就有温度，有温度就有辐射，但黑洞是任何东西都无法逃逸的界面，怎么会有辐射呢？

后来争论的结果，听说过"霍金辐射"这个专业术语的读者想必可以猜到了。两年后的1974年，霍金通过理论推导提出了黑洞辐射，即黑洞非但有温度，还会向外辐射微弱的光波。当成双成对的粒子——如电子和正电子，或一对光子——在强烈的引力场中产生时，其中一个粒子会坠入黑洞，另一个会逃离，从而产生这种辐射。

这篇论文的标题同样简洁有力：《黑洞不黑》。

贝肯斯坦因其开创性的贡献，将自己的名字和霍金绑定在了一起。黑洞辐射有时也被称作"贝肯斯坦-霍金辐射"。

黑洞不黑，这件事还没完。

就像它的诞生来自对广义相对论的推算，黑洞这种天体有时就像纯粹的思想实验，最简单却又最复杂，环环相扣，每一步的推算都会引发后续的问题。

贝肯斯坦-霍金辐射引发的麻烦是，黑洞辐射会将信息带出吗？如果辐射一直进行下去，速度越来越快，黑洞会自己蒸发殆尽，走向生命的尽头，那它之前"吃"进去的信息也凭空消失了吗？

按照量子力学的叙述，信息既不能被完全复制，也不会凭空消失。"如果你把信息投入黑洞当中，你投入的信息就完全消失了，否则就必须改变量子力学的基本原理。"大卫·格罗斯解释道。

"贝肯斯坦和霍金关于黑洞行为模式的计算，和我们之前所做过的一些演算和预测似乎是不一致的，呈现了一种比较奇异的状态，这也是我们在过去的几十年试图解释的。"

霍金当年为此和美国加州理工学院教授、"量子霸权"的提出者普雷斯吉尔打了个赌。

霍金认为，黑洞的蒸发不同于常规的物理学过程，不会将信息带出黑洞。这次，基普·索恩也站在了霍金这一边。

普雷斯吉尔则坚信，在量子力学机制下，信息不会消失，而总是能以某种微妙的形式释放出来。就像两本不同的百科全书烧成了看上去一模一样的灰烬，也总能鉴别出细微的差别。

这个赌约，最终以霍金拱手认输结束。

2004年，在都柏林举行的国际广义相对论和引力大会上，霍金当众做了一份关于信息不会被黑洞毁灭的报告，通过复杂的拓扑计算推翻了他曾经的判断。

如今，神秘的黑洞已经成为天文物理的"显学"，但霍金就黑洞信息悖论问题的愿赌服输，并未得到广泛的认可。

大卫·格罗斯在回答学生提问时说道："我们很希望能够证明霍金是错的，希望证明黑洞并不违反量子力学基本的原理。换句话说，我们需要证明的就是在黑洞物理学理论当中，所谓的信息都应该被牢牢地锁在黑洞里面。"

黑洞可以收集轴子——一种可能是暗物质本体的粒子

　　格罗斯和他的学生弗兰克·维尔泽克因为发现了夸克的"渐进自由"现象而获得诺贝尔奖。这是一种反直觉的神奇现象：核力在很短的距离里会减弱，让原子核中的夸克表现得像自由粒子，而当距离拉大后，束缚它们的吸引力反而变大。这也能帮助解释"为什么我们无法直接把原子核拆成夸克"。

　　研究夸克这种极微小粒子的物理学家，为什么会和黑洞这种极庞大天体扯上关联？

　　原来，根据霍金等人严格证明的"黑洞无毛定理"：无论什么样的黑洞，其最终性质仅由几个物理量（质量、角动量、电荷）唯一确定。

　　也就是说，仅用上述三个参数就可以清晰描绘出一个黑洞，没有复杂的"毛边"信息。惠勒因而戏称这个理论为"黑洞无毛定理"，不愧是命名大师。

　　令人惊讶的是，这样的话，黑洞就和一个简单的基本粒子很相似了。至大至小，至重至轻，至繁至简，化而为一。

　　黑洞信息悖论，从根本上是描述宏观世界的广义相对论和描述微观世界的量子力学之间出现悖论。那换一个方向，真正的引力理论和量子理论，能否在黑洞这种奇妙天体上出现大统一呢？

　　要知道，现代物理的终极追求之一，就是大统一理论，也称作万物理论。理论上宇宙间仅存在四种相互作用力，即万有引力、电磁力、强相互作用力、弱相互作用力。之前的科学家已经证明后三种力在本质上是同一种作用力的不同表现，只有万有引力迟迟未能归入其中。

弦理论就是其中一个努力的方向。它认为世界的基本单位是二维的"能量弦"，弦在不同形态下表现为所有的基本粒子和四种相互作用力。

黑洞这种拥有极端引力场，而性质又简洁如基本粒子的天体，是否可能是引力和其他三种力衔接的桥梁？粒子物理学家在微观世界苦苦寻觅而屡屡碰壁，能否在黑洞附近找到答案？

"过去十几年有一个非常有意思的现象，就是我们对于粒子物理的认知一再挑战我们对时间和空间的基本认知。"格罗斯说道，"我们要在量子的层面对时空进行重新认识。比如说，空间是不是可能超过三个维度呢？"

"在过去20年间，我们在理解开放弦和闭合弦之间的二象性上有很大的进展，我们在量子场论和弦理论的整合方面也有所突破，这种深刻的二象性理解毫无疑问会给我们带来更多的发现，也许能帮助我们回答像黑洞和宇宙起源这样非常深刻的问题。"他说道。

格罗斯的学生维尔泽克也就黑洞话题引申到了他猜想存在的基本粒子：轴子。

这种理论预言的新粒子质量很轻，几乎不和其他普通物质发生任何相互作用，但在大爆炸的过程中批量产生。

轴子还可能大量围绕在黑洞的周围。"黑洞可以收集轴子，如果轴子的质量足够轻的话，能被黑洞周围的吸积盘气体捕获，我们可以通过观测类似的现象推算出轴子的存在。"

重要的是，轴子很有可能就是宇宙中神秘的暗物质。

引力波绝非一次性填补上广义相对论的最后一块拼图，然后就可以给广义相对论盖棺论定了

同黑洞一样，引力波也是广义相对论的重要推论。

广义相对论认为，时间和空间会在有质量的物体面前弯曲。时空在伸展和压缩的过程中，会产生振动，并向外传播。这些振动就是引力波。然而，即使是像黑洞这样巨大质量的系统相互碰撞、合并，产生的引力波信号传递到地球上也是很微弱的。就连爱因斯坦本人也想不到能通过怎样的方法测到引力波。

它有多微弱？巴里·巴里什在第二届世界顶尖科学家论坛"未来国际大科学论坛"上介绍，是10^{-21}米。很多地表上的震动，都会掩盖住这样的变化。

因此，最灵敏的"耳朵"要在最安静的空间里才能在地球上"听"到引力波。

激光干涉引力波探测仪的基本思路是这样的：两条长度相同的探测臂呈L形放置，在L中间的拐点处放置激光源，沿两条管子各发射一束激光，而在两臂的末端放置一面镜子来反射激光。在真空中，两条同时发射的光束应该同时返回中间拐点相逢，在干涉作用下，光束不会抵达光电探测器。但如果有引力波穿过探测仪，两条真空管中的空间会出现微小的拉伸与压缩，两条光束就会出现光程差，从而外泄到光电探测器上。

思路很清晰，操作起来并不简单。除了科学方案的设计，还牵涉项目

经费和团队管理的掣肘。

1984年，美国国家科学基金会（NSF）出于经费方面的考虑，要求将麻省理工学院和美国加州理工学院的两个独立的引力波探测项目合并成一个，并与当时国际上其他引力波探测团队合作，比如德国的加兴团队和苏格兰的格拉斯哥大学团队，这就是LIGO的雏形。

然而，由于管理者之间的分歧，整个项目在此后的10年内都深陷泥潭，举步维艰。当时的负责人轻视NSF的监管，拒绝提供一份详细的工作计划，并把整个团队维持在捉襟见肘的小规模。

1994年，从破产的美国超级超导对撞机项目中退出的巴里·巴里什接任LIGO项目负责人。此时，LIGO项目宛如一潭死水。这个温和的美国内布拉斯加人对LIGO进行了秋风扫落叶一般的改造。

巴里·巴里什在数月内给出了NSF想要的详细计划。他改善了项目的基础装置，比如干涉仪的真空腔，在两个LIGO岗哨安排了常驻科研人员，并为后续的升级改造设立了稳定的研发项目。

这个新方案被NSF接受，以3.95亿美元打破了当时NSF的单项投资纪录。随后，两个干涉仪破土动工。

在人员方面，巴里·巴里什把LIGO项目拓展到了美国加州理工学院和麻省理工学院之外。1997年，他创立了LIGO科学联盟，吸引数以千计的外部科学家参与。

1999年，LIGO竣工。2002年，LIGO开始接收数据。2005年，巴里·巴里什离开LIGO，前往美国筹备国际直线对撞机。在离开之前，巴里·巴里什留下了一份关键的升级方案。

2014年，LIGO终于达到了那个关键的精度：10^{-21}米。万事俱备，只等宇宙中那一阵风。

看到这里，你可能还没有完全理解引力波探测的意义。它绝非一次性填补上广义相对论的最后一块拼图，然后盖棺论定。

引力波，可以是工具。虽然有人好奇提问引力波能否用于通信，亚当·里斯（Adam Riess）等科学家否认了短期之内的可行性，但引力波为了解宇宙打开了一扇新的窗口。

引力波在短短两年内造成的第二次热潮，就是最好的证明。

2017年10月16日，在提前甩出一则重磅预警、吊足了全世界的口味之后，美国国家航空航天局（NASA）、欧洲南方天文台、南京紫金山天文台、英国科技设备委员会、法国国家科学研究中心等全球数十家科学机构终于联合宣布了重大成果：从约1.3亿光年外，科学家们首次探测到壮丽的双中子星并合产生的引力波及其光学对应体。

除了技术上的进步令人惊喜，这次引力波事件还解开了天文学界一桩有趣的悬案：黄金从何而来。

巴里·巴里什介绍道，在一开始设计建造LIGO项目的时候，他万万没想到还会带来这些引力波以外的收获。

宇宙早期只有氢、氦等轻元素，一颗恒星的命运就从这里开始。在恒星随后的演化过程中，随着核聚变反应，质子数更高的重元素得以生成。然而，宇宙天然的核聚变，最终只能产生包含26个质子的铁元素。这是因为，铁元素的核子结合能到达了一个顶峰，把其中的质子和中子拆开，需要极高的能量，恒星内部这个"炼金炉"并不能满足要求。

科学家们一度认为，恒星生命末期的超新星爆炸，足够提供这种能量。然而，这个假设逐渐被后续的发现推翻。

宇宙需要一个更大、更热的"炼金炉"。

在过去几年间，天文物理学家们开始形成主流认识：中子星并合是最有说服力的机制。

两颗中子星围绕共同的中心旋转，就构成了一个双中子星系统。它们在旋转过程中会不断释放引力波，导致系统的能量降低，轨道缩小，并最终撞在一起，发生并合。超铁元素就诞生在此时。双中子星并合时不断甩出一些中子星碎块——大部分是中子，少数是质子。

在碰撞发生的一秒钟内，这些中子星碎块扩散到数十千米开外，形成一团与太阳密度相当的云。在这个"炼金炉"中，中子和质子们互相俘获，形成大量富含中子的不稳定的同位素。中子会迅速衰变为质子，形成金等重元素。

据估计，一次中子星的碰撞，能够形成相当于足有300个地球质量的黄金。这些"宇宙焰火"的余烬，被撒入广袤无垠的宇宙，其中一部分在46亿年前与地球凝为一体。它们又被开采锻铸，成为人类手中的金币、项上的首饰……

这次为中子星并合形成重元素提供重要佐证的，就是并合后的光点颜色由蓝变红，与理论模型预测相吻合。

这个越来越红的光点，就来自"光学对应体"：Li-Paczynskimacronova（巨新星）。该现象由1998年首次预言的中国天文学家、北京大学教授李立新及其已故的合作者博德纳·帕琴斯基（Bodhan Paczynski）共同命名。

除了可见光和红外线外，中子星并合时形成的吸积盘会在旋转轴处形成伽马短暴，该信号在引力波到达地球两秒钟之后也被观测到。在其后数周内，这场大并合仍会继续发出其他频段的光，包括X射线、紫外线、可见光、红外线及射电波等，是"宇宙焰火"漫长的余晖。

回到事件的开头。在这场"炼金"的"宇宙焰火"中，引力波扮演了怎样的角色呢？

原来，前面提到的可见光、红外线、紫外线、X射线、伽马射线等，都是电磁波，是由光子承载的光学信号。长期以来，这几乎是科学家们用于感知宇宙的唯一一扇窗口。

2015年，LIGO探测到的是黑洞触发的引力波。黑洞吸收光线，可谓"听到看不着"。这次，LIGO在识别出比黑洞质量小得多的天体——中子星触发的引力波信号后，全球70多架天文望远镜纷纷指向1.3亿光年外的NGC 4993星系，观看"焰火"。

从此，人类对浩瀚宇宙的感知方式，从单纯的"看"之外，又增添了一种，可相互印证。科学家们称之为"多信使天文学"时代。

这或许比我们找到黄金的起源更为重要。

如果说引力波第一次上头条是LIGO的"独角戏"，那么第二次盛宴已经是国际合作的"派对"了。

欧洲的室女座（Virgo）引力波天文台是第一个入场的，它由法国、意大利、荷兰、波兰、匈牙利和西班牙六国科学家共同参与，于2003年在意大利比萨附近的小镇卡希纳落成。

经过多年的升级改造，室女座引力波天文台的升级版——"先进VIRGO"天文台在2017年8月联合LIGO探测到一次黑洞碰撞引力波事件。

第三个观测台的加入使探测精度大大提高，锁定的事件发生区域只有60平方度，比只有LIGO的两个观测台时缩小了90%。

目前，中国的引力波探测力量主要向太空部署，即由三颗卫星在轨道上编队成等边三角形，形成上万千米长的干涉臂，具体包括中山大学牵头的"天琴计划"和中国科学院牵头的"太极计划"两个方案。

2019年9月20日，时任中国科学院副院长相里斌在新闻发布会上透露，中国首颗空间引力波探测技术实验卫星自2019年8月31日成功发射以来，状态正常，第一阶段在轨测试任务顺利完成。该微重力技术实验卫星正式得名"太极一号"。

"太极一号"首席科学家吴岳良相信，这为中国在2030年前后实施"太极计划"第三步，在空间引力波探测领域率先取得突破奠定了基础。

巴里·巴里什同样看好中国在空间引力波探测领域后发制人。

巴里·巴里什认为，与过去相比，现在引力波探测项目想要拿到政府的扶持资金会容易得多，LIGO的成果彻底颠覆了这个领域的格局。

"那时候，LIGO是个高风险的试验性项目，我们也不能保证一定能探测到什么，前前后后花了十多亿美元，最后可能会打水漂。当然，最后结局是好的。这表明，美国政府是乐意在科学方面冒险投资的。在科学上，欲成大事，必冒风险。"巴里·巴里什称。

不过，考虑到LIGO在地面引力波探测上的领先优势巨大，巴里·巴里什认为：现在许多国家单独建立自己的地面引力波探测项目既不容易，也无必要。他说："建设引力波探测项目涉及很多方面的知识和技术，我们这么多年走过来，知道这有多么不容易。"同时，他表示LIGO在世界范围内开放合作，如果别的国家现在想进入地面引力波探测领域，和LIGO合作可能是一个比较好的选择。

空间引力波探测反而孕育着巨大机遇，尤其对于新进入引力波探测领域的国家而言。他提到，由于NASA在哈勃太空望远镜的未来继任者——詹姆斯·韦伯太空望远镜的研发上花费远超预期，美国政府已无力支持更多的太空项目，空间引力波项目也因此于五年前搁浅。目前，美国在这方面寻求与欧洲空间局的eLISA项目合作，但主要还是欧洲方面在主导，进展相对缓慢。

巴里·巴里什十分看好中国在空间探测领域的发展："中国如果想在时间进度方面与eLISA赛跑，甚至超过eLISA，并不困难。"

他甚至已经预见到未来这一领域的繁荣景象："现在要想研究天文物理，肯定要发展引力波探测项目。"他认为，在未来数十年甚至数百年里，这个领域将会不断出现新的成果，"它现在只是个新生儿而已"。

如果有一天人类真的发现了外星文明，那也更可能出自偶遇，而非按图索骥

我们已经提到，除了霍金预言的微弱辐射，黑洞本身是会"吃"进所有光线的，连引力波探测也只是以间接的手段"听"到黑洞的动静。

那么，2019年4月在上海发布的人类首张黑洞照片，是怎么拍到的呢？

这就要提到火热的射电天文学了。

原来，在吞噬一切的黑洞"视界"外围，还有一圈被黑洞引力场吸引过来的气体，被称为"吸积盘"。在运动过程中，气体的引力能转化为热能，温度变得很高，会发出强烈的辐射，其中就包括射电频段的光波。

如此一来，黑洞就是一片沉浸在发光气体中的黑暗阴影。

事件视界望远镜（EHT）组织使用了一种甚长基线干涉测量（VLBI）技术，将全球范围的八个射电望远镜连成网络同步观测，同时利用地球自转，形成一个口径如地球大小的"虚拟"望远镜，达到的分辨率约20微角秒，足以在巴黎的一家路边咖啡馆阅读位于纽约的人手里拿着的报纸。

作为一种频率比较低的光波，射电有一个更广为人知的名字：无线电。

1993年，约瑟夫·泰勒凭借用射电望远镜发现脉冲双星的成就，获得诺贝尔物理学奖。他与射电天文学的渊源，也源于无电线通信。直到今天，他仍是个业余无线电爱好者，英语把这个群体称为"火腿"（HAM）。

泰勒于1941年在美国费城出生，随后在美国新泽西郊区的一座桃园中

长大。泰勒和他的哥哥、后来也成为物理学家的哈尔度过了相当"放肆"的童年。他们自制过光学望远镜，只是"看邻居的时候比看星星多"；他们拆掉烟囱，在屋顶上平铺巨大的旋转天线，遭到了父母的训斥。

很难说有一件具体的事物触发了他的"火腿"基因，泰勒回忆道："如果一定要说的话，那差不多是苏联刚发射第一颗人造卫星的时候。"用自制的业余天线接收人造卫星的信号，这对十几岁的男孩子来说够酷了。

泰勒家族世代信奉基督教，系贵格会成员。高中毕业后，泰勒就近进入历史悠久的贵格会顶级文理学院——哈弗福德学院。在那里，泰勒遇到了一位盲人教授，并在他的指导下将无线电和望远镜这两个兴趣合二为一——以自制一台接收无线电的射电望远镜作为毕业设计。

购置所有的原材料花了大约100美元，其中数百英尺长的同轴电缆占了大头。泰勒把这段电缆埋在地下1英尺（约0.3米）深，两头各自连接天线，这样就能实现一个大望远镜的功能。泰勒用它接收到了著名的仙后座A和天鹅座A发出的信号，前者是天空中除太阳之外最强的射电源，后者两侧则有两个神秘的射电"圆斑"。

很多年以后，当哈弗福德学院打算新建一栋楼时，施工人员发现地下有一段烦人的电缆怎么挖也挖不完。

1963年，泰勒进入哈佛大学攻读天文学博士，利用月掩星现象（月球经过小直径射电源和地球中间时，遮挡住了射电源）定位宇宙中的射电源。

1968年初，泰勒完成博士论文。他对月掩星现象有些厌倦，准备尝试新的领域。就在几个月前，24岁的英国剑桥大学女研究生乔斯林·贝尔（Jocelyn Bell）在导师安东尼·休伊什（Antony Hewish）的指导下，发现了脉冲星。

前面已经介绍过极端致密的中子星，而脉冲星本质上是高速旋转的中子星，在旋转过程中周期性地发射出电磁波。当贝尔一开始从狐狸星座读取到这种有规律的信号时，人们一度以为那是外星人的来电。直到现在，一些科学项目依然尝试用射电望远镜来寻找地外生命的线索，包括"中国天眼"FAST（500米口径球面射电望远镜）。

对此，泰勒微笑道："我想如果有一天人类真的发现了外星文明，那也更可能出自偶遇，而非按图索骥。"

一股脉冲星热在天文学界扩展开来。"当我跑去波多黎各的阿雷西博天文台工作的时候，岁数只有现在的三分之一。"直径305米的阿雷西博望远镜，在FAST建成前一直是世界上最大的射电望远镜。

那也是计算机正在走向小型化和廉价化的时期，泰勒拥有了极大的自由度，得以利用实验室级别的计算机扫描脉冲星信号。

"我想要找到一颗绕着另一颗星星旋转的脉冲星，这样我就能计算脉冲星的质量了。"他说道。

1974年9月，泰勒的研究生罗素·胡尔斯找到了异常的信号：一颗脉冲星的脉冲相比其他脉冲星更为不规律。他当即致电正在马萨诸塞大学安姆斯特分校授课的泰勒，两人分析后认为，那是一颗正在围绕另一天体旋转的脉冲星，它与地球相对运动产生了多普勒效应。

脉冲双星系统对检验爱因斯坦的理论尤为重要。根据广义相对论，双星在共舞的过程中会不断释放出引力波，使系统能量减少，双星距离愈来愈近，最终并合为一。

通过对泰勒和胡尔斯发现的脉冲双星系统的精确计算，爱因斯坦预言的引力波得到了第一个确凿的证明。

泰勒随后也曾长期研究过这种时空的涟漪。当他在2016年得知LIGO直接探测到引力波的消息时激动万分地说："不得不说，100多年的等待就此终结。这可能是这100多年来最重要的物理学发现。"

2016年9月，世界最大单口径射电望远镜"中国天眼"FAST在贵州平塘的大窝凼中落成，泰勒在现场参与了仪式。他说："FAST会成为世界上解码微弱脉冲信号和引力波信号的最强工具，它是一群富有创新力的工程师缔造的奇迹。"

问起对FAST最大的期许，泰勒脱口而出："那肯定是要先发现1 000颗新的脉冲星，其中可能包括几百颗毫秒脉冲星（每秒自转上百次）。它们是天然的时钟，比我们目前所有的计时设备都要精准。"

泰勒坦然说道，他当年的诺贝尔奖成果虽然也属于射电天文学范畴，但已经不是前沿热点。

"如何让基础研究做得有声有色？在这个过程中需要注意哪些问题？哪些工具可以为科学家所用？"他说道，"我想本次论坛所有科学家都在强调开源合作的科学设施。"

为此，泰勒盘点了三个未来值得期待的射电望远镜。

除了FAST之外，他提到的第二个项目是加拿大氢强度绘图实验（CHIME）望远镜。这个望远镜于2017年在加拿大哥伦比亚省的彭蒂克顿郊外落成，曾经因为探测到宇宙中神秘的重复快速射电暴（FRB）而"上热搜"。

快速射电暴是一种物理起源尚不明确的银河系外射电束，持续时间通常只有几毫秒。一个持续5毫秒的明亮射电暴在2001年8月抵达澳大利亚的Pakes望远镜，但直到2007年才被美国西弗吉尼亚大学天文学家邓肯·福利莫（Duncan Lorimer）确认为一种新的天体物理信号，而非设备故障。

从那以后，学界一共接收到了50～60个类似的快速射电暴，最低频率为700兆兹。其中只有一个"闪了不止一次"：2016年，天文学家报告了一例重复的快速射电暴，并在2017年1月确定了信号源距离地球大约为25亿光年。

2018年8月左右，CHIME望远镜在短时间内接收到了13个快速射电暴，其中一个重复快速射电暴至少闪了6次，距离地球约15亿光年，比上次的重复信号源的距离缩短了接近一半。研究人员指出了两次重复暴的一些相似之处，表明两者或许具有类似的辐射机制或传播效应。

CHIME望远镜由四台百米长的半圆柱形反射面板组成，负责巡视整个北半球的上空。它的设计任务主要是给80亿～100亿年前的宇宙黎明"绘图"。那时候，宇宙中还没有现在这么多星星，星系间充满了中性氢。这台落成不到一年半的新望远镜尚未把灵敏度调到极限，其未来值得期待。等CHIME望远镜进入状态后，没准哪一天就能探测到几十个快速射电暴，从而帮助科学家解开它们的谜团。

最后一个被泰勒点名的不是单个望远镜，而是数百万台天线构成的平方千米阵列射电望远镜（SKA），于2021年开始建设。整个阵列延伸超过3

000千米，总接收面积达1平方千米，所有观测仪器相互之间采用高性能的计算引擎和超宽带连接，并设有处理大量数据的"大脑"。

SKA计划包括2 500面直径15米的碟形天线阵列（中频）、250个致密孔径阵列及130万只对数周期天线阵列（低频），台址位于澳大利亚、南非及非洲南部其他八个国家的无线电宁静区域。

2019年3月，该项目七个创始成员国——中国、澳大利亚、意大利、荷兰、葡萄牙、南非和英国正式签约成立政府间国际组织SKAO。

经各国科学家讨论，确定了SKA射电望远镜的五大科学目标分别是：探测宇宙黎明和黑暗时期；研究星系演化、宇宙学与暗能量；验证宇宙中有没有其他生命，寻找地外文明；利用脉冲星和黑洞检验强引力场；研究宇宙磁场的起源和演化。其中，宇宙起源、引力波、引力本质、暗物质和暗能量等，都是目前物理领域最前沿的问题，一旦有所突破，很有可能会诞生一批可获得诺贝尔奖的新理论、新成果。

第4章

地球正在面临第6次生物大灭绝，
这一次会包括人类吗？

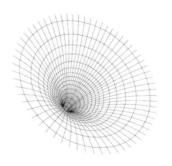

耿挺　编撰

1997年诺贝尔物理学奖得主、美国能源部前部长朱棣文：

"如果未来地球温度再上升1℃，海平面将上升6～9米，全球10%的人口将被迫离开他们的家园。"

1999年诺贝尔物理学奖得主杰拉德·霍夫特：

"关于全球气候变化的情况和碳减排的解决方案，应该听一听科学家们的声音。"

2011年沃尔夫农业奖得主哈里斯·李文：

"地球的生物多样性正在消失，52%的脊椎动物种类已经在过去40年里灭绝了。"

中国科学院院士高福：

"世界卫生组织列出的2019年全球健康十大威胁，其中之一是空气污染和全球气候变化。"

2019年诺贝尔物理学奖得主迪迪埃·奎洛兹：

"放弃应对气候变化的建议是不负责任的，我们不应该有任何想要逃离地球的想法。"

约一万年前，最后一次冰河期结束。此后，地球的气候在很长时间内稳定在如今被人们习以为常的状态。然而，随着人类工业文明的发展和科技的进步，对化石能源史无前例的利用，让原本沉睡在地下的碳以二氧化碳的形式被大规模排放到空气中。两三百年里的温室气体排放，让地球的气温升高的数值超过了过去几千年。

对地球来说，气温升高意味着大规模的气候变化，以及人类无法应对的自然灾害的不断产生。无论是北极冰川减少和海平面上升，还是厄尔尼诺现象和飓风等天灾，抑或是物种灭绝和粮食减产，都将给人类的长远生存带来巨大的威胁。

1992年，联合国专门制定了《联合国气候变化框架公约》，该公约同年在巴西城市里约热内卢签署生效。依据该公约，发达国家同意在2000年之前将他们释放到大气层的二氧化碳及其他"温室气体"的排放量降至1990年时的水平。另外，这些每年二氧化碳合计排放量占到全球二氧化碳总排放量60%的国家，还同意将相关技术和信息转让给发展中国家。发达国家转让给发展中国家的这些技术和信息，有助于后者积极应对气候变化带来的各种挑战。

应对气候变化，正在成为越来越多人的共识。1997年诺贝尔物理学奖获得者、美国能源部前部长朱棣文就表示："我认为气候变化对人类社会的风险是深远的，这是一个真正的问题。自1975年以来，全球气温上升了1℃左右，温度升高导致了冰川融化、海平面上升。如果未来地球温度再上升1℃，海平面将上升6~9米，全球10%的人口将被迫离开他们的家园。如果人类不控制二氧化碳的排放量，全球温度将再次升高。"

近年来，越来越多的包括诺贝尔奖获得者在内的科学家从不同角度诠释了自身研究全球气候变化的重要意义和这一大背景下的应对思路。

关于全球气候变暖，去听听科学家们怎么说

1999年诺贝尔物理学奖得主杰拉德·霍夫特说："关于全球气候变化的情况和碳减排的解决方案，应该听一听科学家们的声音。"

在杰拉德·霍夫特看来，在过去100多年里，全球气温快速上升背后的原因已经是很多人的共识：工业革命。作为工业革命的血液和粮食，石油和煤炭等化石能源被大量使用，产生了大量二氧化碳等温室气体，这些温室气体被排放到大气中。如今，解决这件事情的难度在于怎么去应对。这是一个人人都需要面对的问题，不能只是一味恐吓普通人，让他们感到惴惴不安，而是要告诉他们可以采用什么样的解决方案。

要给出解决方案，首先要弄清楚二氧化碳的排放与吸收机制。在科学界，海洋碳汇逐渐受到重视并正在成为新的科研领域。有科学家认为，海洋在全球碳循环中扮演着重要角色，约93%的二氧化碳的循环和固定通过海洋完成。海洋不仅能长期储存碳，而且能重新分配二氧化碳，是最高效的碳汇平台。

据介绍，海洋碳循环的过程主要依赖海洋碳泵的作用，通过碳泵实现碳在海洋中的垂直和水平迁移以及形态转换，从而调节全球气候。海洋碳泵主要包括溶解度泵、生物泵和微型生物泵三种类型。其中，溶解度泵通过水流涡动、二氧化碳气体扩散和热通量等一系列物理反应实现海洋中的碳转移过程。大量的二氧化碳融入海洋，在海洋-大气界面进行交换，形成溶解度泵的基础。低纬度海洋中的二氧化碳通过洋流被转移到高纬度海洋

中，高纬度的海水具有更高的密度，从而使二氧化碳沉入深海，进入千年尺度的碳循环，该过程不断重复。

生物泵是通过海洋生物或海洋生物活动将碳从海洋表层传递到深海海底的过程，它依赖于颗粒有机碳沉降的海洋碳扣押方式。浮游植物是海洋的初级生产者，其固定碳和氮的总量比全世界陆地植物的固定总量还要多。科学家将生物泵看作海洋碳循环的最关键控制过程，但海洋表层的不断升温和海水酸化的加剧对浮游植物造成影响，从而削弱生物泵在碳循环中的效能。

微型生物泵的主要工作原理，是利用微型生物修饰和转化溶解态颗粒有机碳的能力，经过一系列物理化学作用使其丧失化学活性，从而被长期固定和储存在海洋中。

"有些人说，二氧化碳排放不是人为造成的，他们的理由是海洋吸收二氧化碳的速度要比我们产生二氧化碳的速度快10倍。"杰拉德·霍夫特说，"但我们能否从科学的角度去测量海洋的二氧化碳吸收率究竟是多少？事实上，你会发现，海洋吸收过量二氧化碳花费的时间要远远超过那些人假想的时间。海洋吸收二氧化碳的速度比我们产生二氧化碳的速度不是快10倍，而是可能只有10%。"

有科学家研究发现，光合作用生物体依赖于水温而蓬勃发展，而呼吸者，例如细菌和磷虾这样的生物也吸收氧气并释放出二氧化碳。当光合作用生物体在较冷的水域中生长和死亡速度更快时，呼吸者在水温温暖时更加活跃。由于全球气温的上升，海洋碳汇逐渐变得不太有效。

很遗憾，靠多种植植被来降低二氧化碳浓度是行不通的

除了海洋，陆地上的绿色植物也是重要的碳汇平台。是不是多种植植被就可以降低二氧化碳浓度？对此，杰拉德·霍夫特表示："很遗憾，科学研究告诉我们这是行不通的。"

2015年的《巴黎协定》首次认可各国可以通过植树或保护森林来抵消本国化石燃料碳排放的做法，这大大推动了森林相关计划的发展。中国计划的植树造林面积相当于英国国土面积的四倍。美国加利福尼亚州允许森林所有者向碳排放公司出售额度，美国的其他州也在考虑实施类似的方案，这或将刺激植树造林和保护已有森林的项目落地。欧盟正考虑允许成员国将植树造林纳入其抵御气候变化的计划当中，部分欧盟国家也已经承诺投入几十亿美元用于热带森林项目。

许多科学家都对增加森林面积表示欢迎，但也有一些科学家提醒要采取谨慎态度，他们认为森林对于气候变化的影响非常复杂且具有不确定性，政策制定者、环保人士甚至一些科学家对此缺乏充足的认识。

植物可以吸收空气中的二氧化碳的理论雏形可追溯至18世纪70年代，当时一位名叫让·塞尼比尔（Jean Senebier）的瑞士牧师在不同的实验条件下种植植物，他认为植物可以分解空气中的二氧化碳并吸收碳。后来，光合作用机制的发现证实了这一观点。

200多年后，塞尼比尔的见解成了利用植物抗击大气中二氧化碳积聚的

重要理论支撑。它的原理是，树木可以将碳封锁在树干和树根内达几十年甚至几百年之久。1997年缔结的《京都议定书》允许富裕国家在履行限制温室气体排放的目标时，将森林碳储计算在内。

在过去的几十年里，科学家利用试验田和卫星数据，估算了各国植被吸收和增加的碳量。2011年，在美国农业部林务局研究人员的领导下，一支国际团队得出结论：全球范围内的森林是一个巨大的碳汇，它们通过光合作用和林木生产所吸收的碳多于其呼吸和腐烂所释放的碳。

但是，那并不意味着所有森林都具有降温作用。几十年来，研究人员一直都知道树叶吸收的阳光要多于其他类型的土地覆盖，如田地或裸地。森林会降低地球的表面反射率，也就是说地球反射回太空的阳光会减少，从而引起温度上升。这种效应在高纬度地区、山区或干燥地区尤其明显。在这些地区，针叶树生长较缓慢，树叶较暗，遮挡了原本会反射阳光的颜色较浅的地面或积雪。但是，大部分科学家都赞同热带森林是显而易见的气候"冷却器"：在这里，树木生长相对较快，可以蒸发掉大量会形成云的水分，增加反射回太空的阳光，从而使气温降低。

尔后的研究将森林影响气候的其他方式也纳入考量范围。科学家已经了解到，在树木从生长到死亡的过程中，它们不断地与空气发生相互作用：交换碳、水分、光以及各种可以与气候产生相互作用的化学物质。由树木释放的挥发性有机化合物（VOC），能够通过多种方式使气候变暖。比如异戊二烯，它能够与空气中的氮氧化物发生反应，形成臭氧——位于低层大气时，具有强大的气候变暖作用。它也可以延长另一种温室气体——甲烷的分解时间。不过，异戊二烯也可以产生冷却效应：它可以促进气溶胶粒子生成，减少地球吸收的阳光。

研究人员认为，森林使气候冷却或变暖的效应存在巨大的不确定性，在这种情况下，把种树当作一种抵御气候变化的策略是有风险的。这些研究引发了巨大的争议，甚至引发了科学家之间的对立。

现在，研究人员正在利用复杂精密的计算机模型和越来越多、越来越全面的数据，以精准判定不同区域的森林对于气候究竟有什么影响，有些结果足以令人警醒。不过，鉴于政府、企业和非营利组织推动实施的缓解气候变化的计划越来越宏大，一些科学家提醒，不要把森林当作抵御全球变暖的不二法门，因为我们对于森林的理解还不够透彻。一些研究人员参与大型数据收集项目，利用飞机、卫星和森林中的塔楼提取树木释放的全部化学物质的样本，这些化学物质可能既关乎气候变化，也关乎空气污染。

地球的生物多样性正在消失，52%的脊椎动物种类已经在过去40年里灭绝了

气候变化严重威胁着生物的生存，这将是未来100年成千上万物种灭绝的主要原因。

全球领先的生态系统和生物多样性组织（IPBES）2018年一周内发布四份系列报告称，到21世纪中叶，气候变化将成为地区野生物种灭绝速度加快的最重要原因。这一系列报告显示，气候变化、土地退化、栖息地丧失等因素正成为全球野生动物的主要威胁。

该组织主席罗伯特·沃森在一份声明中表示："人类的选择对自然环境的影响越来越大，我们无法单独处理三种威胁中的任何一种，它们都应该得到最高的处置政策优先权，而且必须一起解决。"虽然每份报告重点放在世界的不同区域——非洲、欧洲、亚太地区和美洲，但都强调了气候变化带来的日益严重的威胁。

在非洲，到21世纪末，一些鸟类和哺乳动物数量将下降多达50%。到2050年，太平洋高达90%的珊瑚礁可能会白化或退化。在美洲，自欧洲移民首次登陆以来，约有31%的本土物种已灭绝；到2050年，这一数字可能攀升至40%。此外，单独发布的全球土地退化报告显示，全球超过30亿人可能因此遭受不利影响，由此造成的生物多样性和生态系统修复损失可能占全球年度总产值的10%。报告中警告，土地退化反过来也是气候变化的重要原因。砍伐森林、破坏湿地和其他形式的土地转化，可能向大气释放大量的

碳，进一步加剧全球变暖。全球共同努力保护自然景观，可以在应对气候变化方面发挥重要作用。

尽管国内外提出了很多适应气候变化的策略、建议来保护濒危物种和生物多样性，但要免受气候变化所引起的危害则极为困难。在未来，生物多样性保护的形势将更为严峻。

首先，受到全球气候变化影响的生物是那些对气温敏感的生物，尤其对那些处于气温上升区域同时体温调节能力有限的物种来说，这种生存威胁是致命的。环境温度超过生物的生理耐受极限温度是物种灭绝的原因之一。对陆地生物来说，温度上升致使其觅食活动时间减少，同时又提高了其维持生命所需要的能量，最终动物因饥饿而亡。例如，高温限制蜥蜴春季繁殖期地表活动时间，它们因为不能摄入足够维持生命的能量而灭绝。环境温度可能会超过生物的生理耐受极限温度。例如，北美鼠兔对温度变化极为敏感，当栖息环境的温度超过其生理耐受极限温度（16.2℃）后，当地的北美鼠兔就会灭绝。在水里，全球气候变化导致浮游植物暖水种向两极扩张，分布范围扩大，而冷水种分布范围则缩小；一些地区的优势类群发生了改变，由冷水种转变为暖水种，由真核生物逐渐演变为原核生物。在中国，东海浮游动物冷温种和暖温种数量大幅下降，亚热带种及热带种丰度增加，优势种发生变化。

其次，气候变化能改变局部地区的降雨模式，对某些特定物种而言，降水量的改变比温度改变引起的后果更为严重，这也是物种灭绝的重要因素之一。降水量减少导致可供陆生生物可直接利用的水资源减少。程度严重的话，会使局部地区的生物灭绝。如沙漠中的芦荟和两栖动物，由于降水减少，面临水危机，其生存受到严重威胁；降水量减少后，某些淡水物种会由于栖息地丧失而灭绝。一些热带鱼和两栖动物的灭绝就是栖息地丧失导致的。高温和干旱的协同作用也会造成物种灭绝。局部地区松树的灭绝就是干旱和高温共同作用导致的。

气候的频繁变化能诱发火灾，而火灾通常又是局部地区物种灭绝的直接原因。同样，气温升高加速冰雪融化，致使海平面上升，从而使一些沿海动物的栖息地面积减小或者丧失而威胁其生存，如海平面上升致使我国局部地区红树林消失。另外，冰雪加速融化能改变淡水水域中的盐浓度，造成某些淡水物种出现生理上不适应的情况，进而灭绝。

"地球的生物多样性正在消失，52%的脊椎动物种类已经在过去40年里灭绝了。"2011年沃尔夫农业奖获得者哈里斯·李文正在推动一个大科学项目，以创造一个更加可持续的生态经济。该项目就是地球生物基因组计划（EBP）。这是一个雄心勃勃的大胆计划，是继人类基因组计划（HGP）之后的"下一个生物学登月计划"。人类基因组计划历时13年，耗资30亿美元，于2003年完成了对人类DNA图谱的绘制。地球生物基因组计划投入47亿美元，准备在10年内对地球上已知的150万种真核生物的基因组进行测序、编目和分类。

真核生物是由真核细胞构成的生物，包括原生生物界、真菌界、植物界和动物界。真核生物是所有单细胞或多细胞的、其细胞具有细胞核的生物的总称，它包括所有动物、植物、真菌和其他具有由膜包裹着的复杂亚细胞结构的生物。真核生物与原核生物的根本性区别是前者的细胞内有以核膜为边界的细胞核，因此以"真核"来命名这一类细胞。许多真核细胞中还含有其他细胞器，如线粒体、叶绿体、高尔基体等。

"就像我们不知道宇宙中有多少颗行星一样，我们也不知道地球上究竟有多少种真核生物，可能在1 200万~1 500万种之间。"哈里斯·李文说，目前只有10%、约150万种的真核生物被人类所认知并进行了分类，其中进行了基因组测序的真核生物还不到150万种的0.3%，也就是4 000种左右。这意味着，在基因层面，人类对真核生物的认知少得可怜。

地球正在面临第6次生物大灭绝，这一次会包括人类吗？

"随着基因组技术的发展，我们如何对剩下99%真核生物进行探索并进一步了解它们，这将是需要各国科学家合作的一个超级大项目。"哈里斯·李文透露，从2015年开始，科学家们开始探讨这一话题，经过三年准备和讨论之后，"地球生物基因组计划"于2018年11月在伦敦启动。哈里斯·李文在伦敦举行的记者会上说："有了路线图，有了蓝图……将为获得新发现、了解生命规律和进化原理、采取新方法保护稀有和濒危物种提供巨大的资源……为农业和医学领域的研究人员提供新的资源。"

当时，来自美国、英国、中国等国家的17家机构签署了一份谅解备忘录，承诺将共同努力实现项目的最终目标。该项目拟收集的生物数据量有望达到"百亿亿级"（exascale），超过推特或整个天文学的数据量。该项目参与方已同意将数据存储在公共数据库中，所有人都可以访问以进行研究。

地球生物基因组计划还将把世界各地的一些大型研究工作纳入其中，包括由洛克菲勒大学研究人员牵头旨在对6.6万种脊椎动物遗传密码进行测序的项目、中国开展的一个旨在对1万种植物基因组进行测序的项目，以及对约200种蚂蚁的基因组进行测序的全球蚂蚁基因组联盟项目等。

"整个计划有三个阶段的路线图。"哈里斯·李文说，第一阶段是对有代表性的物种进行基因测序，有9 000多种代表性生物；第二阶段是对2 000

多种其他种类的生物进行基因测序；第三阶段是对150万种生物进行基因测序。研究人员会收集样本，进行测序分析、标注，来达成事先设定的科学研究目标。前期的10年大概会花费47亿美元，这是全球进行的所有工作的成本，包括收集样本和测序，以及分类和分析。收集样本，是其中最困难的部分。

如今，地球生物基因组计划已经是一个国际性的联合网络，来自15个国家和地区的29家机构以及超过100位首席科学家参与其中，24个附属项目覆盖了所有种类的真核生物。各个机构、每一个附属项目都有代表成为协同委员会的成员，而协同委员会最主要的工作就是制定标准。"最开始的时候，不同项目之间没有共同标准。"哈里斯·李文说，"我们必须为各个环节制定标准，比如收集样本、测序分析等。如果没有这些标准，最终数据结果将没有办法对比。所有参与方都承诺，最终的成果将会开放获取并符合《生物多样性公约》和《关于获取与分享利益的名古屋议定书》。"

哈里斯·李文透露，英国已经投入5 000万欧元对该国已知的6万种真核生物物种进行测序。中国有4个项目，各方投资总额超过1亿美元。其中，华大基因计划对1万种生物进行基因测序，中国科学院计划对1万种鱼类进行基因测序。2019年，地球生物基因组计划公布了100个高质量的基因组图谱；2020年，可以获得2 000个高质量基因组图谱。

地球生物基因组计划将给应对全球气候变化带来哪些优势？哈里斯·李文指出："科学家研究的8万个物种里有三分之一处于濒临灭绝的状态，这告诉我们，地球正在面临第6次生物大灭绝。在过去的5次生物大灭绝里，95%的物种灭绝了。这一次生物大灭绝会不会包括人类呢？"通过对现有物种的基因收集，科学家们可以监控在气候变化中地球生物多样性的变化状况。此外，农业、医药等与动植物密切相关的产业，也需要基因大数据库的支持。

针对气候变化与生物多样性，科学家们也提出了不少建议和对策，包括：

（1）针对气候变化下物种脆弱性不断提高，建立濒危物种繁育基地，扩大物种种群数量，开展、物种就地保护，增强物种在原分布区适应气候变化的能力，如建设和扩大自然保护区；

（2）针对气候变化导致物种栖息环境的变化，开展、加强物种的迁地保护，以期帮助物种适应气候变化；

（3）针对气候变化将可能使有害生物分布范围扩大、威胁其他物种生存的情况，建立有害生物控制体系，包括建立监测预警体系，开发灾害控制技术，采取灾害治理和灾后恢复技术对策；

（4）针对气候变化对栖息地的不利影响，减少放牧、森林和水体破坏，减少自然灾害，恢复退化栖息地，严格保护脆弱栖息地、重建严重退化栖息地，连通破碎化栖息地建立生物多样性和濒危物种保护灾害防御体系，减少其他不利因素的影响；

（5）气候变化将使灾害发生的频率和强度增加，因此需要建立高温、干旱、低温、火灾等防御体系，以应对气候变化带来的不利影响。

地球温度每升高阈值水平1℃，人类的死亡率就会上升2%~5%

"世界卫生组织列出的2019年全球健康十大威胁，其中之一是空气污染和全球气候变化。"中国科学院院士、中国疾病预防控制中心（CDC）主任、中国科学院微生物研究所研究员高福说。这不是危言耸听。科研人员很早就发出警告说，全球变暖可能引发更多"我们现在都不知道"的疾病。早在2015年，世界卫生组织（WHO）就预计，2030—2050年气候变化将使全球每年因疟疾、腹泻、热应力和营养不足而死亡的人数增加25万；低收入国家的儿童、妇女和穷人将是最脆弱和受影响最大的人群，健康差距将日益加大。

最新的一个案例是耳念珠菌。这种真菌最早于2009年在日本被发现，可导致血液、伤口和耳部的致命感染。2012—2015年，非洲、印度次大陆和南美洲分别发现过这种耐药性真菌。它可以在医院等医疗保健环境中的个人之间传播，也能在接触被污染的设备表面时传播。耳念珠菌之所以棘手，是因为它不仅能抵抗多种抗菌药物，而且很难用常规的实验室设备去发现，因此很容易误诊。

约翰斯·霍普金斯–布隆伯格公共卫生学院分子微生物学和免疫学教授阿图罗·卡萨德瓦利说，真菌可以在哺乳动物的体温下存活。他的研究小组认为，耳念珠菌最近开始感染人类，因为它适应了由全球变暖导致的更高环境温度，从而能够在人体温度下生存。卡萨德瓦利和他的同事们研究了耳念珠菌的进化过程后认为，耳念珠菌已进化到能够承受更高的温度了。卡萨德瓦利随后在一份声明中说，这不太可能是一起孤例，"全球变暖可能带来新的、我们现在甚至都不知道的真菌疾病"。

科学家在论证气候变化与传染病传播的证据时，主要围绕短期气候变化与传染病发病率的关系、长期气候变化趋势与传染病传播的关系，以及基于气候变化与传染病建立预测模型方面。根据联合国政府间气候变化专门委员会第三次评估报告的结论：气候变化可能会使某些媒介传染病的地理分布扩展到更高海拔的地区，并使某些地区的传染病传播季节延长。研究人员为了明确地预测这些疾病的分布变化，意识到需要进行监测以收集数据，从而获得相关证据。方法论上往往采取时间序列分析，首先阐述监测对于获得气候变化早期健康影响证据的积极意义，然后探讨监测遵循的原则、监测数据的来源等，最后对数据分析和解释过程中存在的问题进行讨论。以疟疾为例：早在1995年，就有科学家将一般环流模型的人为全球气候变化情景纳入一个综合链接系统模型，研究了全球气候变化对疟疾发病率的潜在影响，结果发现在东南亚、南美洲和非洲部分地方病较少的地区，感染发病率对气候变化十分敏感，疟疾发病率风险普遍增加。

由于全球气候变化导致的极端天气事件也在威胁着人们的健康安全。例如，高温对公众健康已构成一种越来越大的生命威胁，温度每升高阈值水平1℃，人类的死亡率就会上升2%～5%。2000—2016年，全球每年受热浪影响的人数预计在1.25亿。2018年春末和夏季，欧洲大部分地区经历了异常的高温，北欧和西欧的大部分地区，气温远高于平均水平，降水量却远低于平均水平。对照和追溯1748年的观测资料发现，2018年，瑞典南部隆德5—7月的降水量仅为此前记录的最低值的一半左右，丹麦经历了最炎热的5—7月，挪威和芬兰也经历了最热的7月。温暖的夜晚和高湿度，也是这一时期的明显特征，拉脱维亚里加连续七晚气温在20℃以上，8月1日瑞典卡尔斯克鲁纳的全国露点记录为24.8℃。中欧最严重的热浪发生在7月底和8月初，法国热浪同2003年相比，强度略低，但仍导致约1 500人死亡。

研究者已经提出了一系列方法来解释应对和适应热环境变化的影响，例如采用模拟城市（社会人口特征相似但平均温度不同的城市）和模拟年份（有史以来最热年份）等方法。短期内，热浪可严重影响大量人群，常会触发卫生突发事件，造成超额死亡、一连串的社会经济影响（如工作能力和劳动生产力丧失），以及卫生服务提供能力丧失等。对长期持续暴露于过度高温的室内外工作人员来说，工作会变得无法忍受或十分危险。因为全天持续升高的温度，将使人体产生累积生理应激，从而诱发包括呼吸系统和心血管疾病、糖尿病和肾脏疾病等多种疾病。

如何应对全球气候变化对人类健康的挑战？2018年12月，《联合国气候变化框架公约》第24届缔约方会议在波兰卡托维兹推出世界卫生组织《健康与气候变化》的特别报告，针对气候变化和健康，已提议七项措施减缓气候变化：

（1）减少短期气候污染物是减缓气候变化对健康影响的必要条件。这可直接降低、减少接触空气污染和相关疾病；也可间接降低、减少臭氧和黑碳对天气和食品生产与食品安全的负面影响；或者通过减少短期气候污染物，改善交通系统、提倡健康饮食、改善废弃物管理等。

（2）将减缓和适应措施对健康的影响纳入经济和财政政策的设计，包括碳定价和化石燃料补贴改革。

（3）将保障健康的承诺纳入《巴黎协定》的规则手册，而且系统地将国家数据中心的健康状况、国家适应计划和国家信息通报纳入《联合国气候变化框架公约》。

（4）消除现有适应气候变化的健康投资的障碍，特别是对具有气候适应能力的卫生系统和"气候智能型"卫生保健设施的投资。

（5）促进卫生社区作为气候变化行动可靠倡导者的参与。

（6）动员城市市长和其他地方领导人，作为跨部门行动的倡导者，减少碳排放，增强抵御气候变化的能力，促进健康；加强城市和其他地方政府参与《联合国气候变化框架公约》进程的正式机制，扩大促进健康和保护气候的行动范围。

（7）系统跟踪气候变化减缓和适应所带来的健康进展，并向《联合国气候变化框架公约》技术执行委员会、全球卫生治理流程和可持续发展目标监测系统报告。

我们并不适合在其他星球上生存，我们最好花时间和精力来修复地球

星际移民是近些年非常热门的话题，因此有人提出大胆的假设：在不久的将来，人类最终会离开地球前往遥远的行星，不必花费太大的精力来应对气候变化。

2019年诺贝尔物理学奖得主迪迪埃·奎洛兹在斯德哥尔摩举行的新闻发布会上谈到气候变化时，驳斥了这一观点。奎洛兹说："我认为这种观点是不负责任的，因为恒星距离如此遥远，我们不应该有任何想要逃离地球的想法。""我们还应该记住，我们是在这个星球上进化和发展的物种，并不适合在其他星球上生存。"他说，"我们最好花时间和精力来修复地球。"

根据美联社的报道，在马德里举行的为期两周的全球气候变化峰会期间，其他几位诺贝尔奖获得者也敦促人类认真对待气候变化。2019年诺贝尔经济学奖获得者埃斯特·杜弗洛（Esther Duflo）警告说，应对气候变化"将要求改变人类行为，尤其是生活在富裕国家的人们"。富裕国家是商品和能源的主要消费国。她不同意那些认为只要通过可再生能源推动消费就不需要减少消费的人。杜弗洛说："如果真是那样，那就太好了，但我认为我们不一定能指望它。"

斯坦利·惠廷厄姆（Stanley Whittingham）因帮助开发锂离子电池而获得了2019年诺贝尔化学奖，他说："要解决气候问题，现在正是时候，但我们必须务实……我们不能只是想当然就可以消灭所有二氧化碳排放。"

　　加拿大裔美国人詹姆斯·皮布尔斯（James Peebles）因研究大爆炸后不久发生的事而获得了2019年诺贝尔物理学奖奖金——900万瑞典克朗（约合94.8万美元）的一半，后来他告诉记者，现在年轻化的气候变化抗议者让他感到兴奋，"我在我的家乡普林斯顿见到这些人，他们正在游行以寻求应对气候变化的办法。这是一件了不起的事情。我喜欢他们的热情、精力充沛，以及对非常有价值的事的奉献"。

　　惠廷厄姆还告诉美联社，他相信针对气候变化的抗议会产生结果。"也许有些年轻人不知道要花多长时间。但是就像回到越南战争时代的美国，实际上是年轻人推动了政客走出去，终止了那一场荒唐的战争。"

第5章

我们可以花5~10年登月，但要解决癌症非常困难

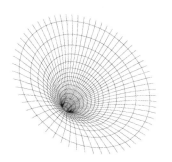

曹刚　编撰

2019年诺贝尔生理学或医学奖得主格雷戈·塞门萨：

"科研人员正在做动物实验，希望研究出可以在低氧状态就能杀死癌细胞的药物，不让癌细胞出来'透气'。"

2019年诺贝尔生理学或医学奖得主威廉·凯林：

"HIF-2α抑制剂已经进入临床试验阶段，很多患者确实在临床试验中获得了好处。"

2014年拉斯克基础医学研究奖得主彼得·沃尔特：

"把应激路径作为治疗靶向，在许多疾病领域中都有重要前景。"

2012年拉斯克基础医学研究奖得主迈克尔·希茨：

"'转化'让细胞没法感知周围环境变化，这是癌细胞转移的一个必要条件，也是肿瘤长大的前提条件，阻止'转化'的成长会阻止癌症的发展。"

2015年阿尔巴尼医学奖得主谢晓亮：

"为降低癌症的高死亡率，当然要有治疗癌症的方案和药物，但真正要降低癌症的死亡率，应该通过癌症早期检测来实现。"

美国加州大学洛杉矶分校教授杰夫·唐利亚：

"睡眠可以帮助果蝇修复损伤。睡眠之后，一些受损的神经元得到了修复。"

中国科学院院士陈赛娟：

"转化医学致力于填补基础研究与临床和公共卫生应用之间的鸿沟，为新药开发，新的疾病诊断、治疗和预防方法，开辟出一条具有革命性意义的新途径。"

2004年诺贝尔化学奖得主阿夫拉姆·赫什科：

"许多新药的开发，都是基于细胞蛋白质降解，开发这些药物，说到底还是基于基础研究，基于对细胞蛋白质降解的研究。"

2010年诺贝尔化学奖得主铃木章：

"制药企业用交叉偶联的'铃木反应'，研制了针对高血压、癌症、艾滋病等疾病的众多药物。"

1988年诺贝尔化学奖得主罗伯特·胡贝尔：

"组成蛋白酶在临床上非常重要，对癌症和免疫系统疾病的治疗都具有重大的意义。"

2009年诺贝尔化学奖得主阿达·约纳特：

"抗生素耐药性导致人类的人均预期寿命增长放缓。现在，有希望开发出新的抗生素，更好地去抗击病原体。"

2019年沃尔夫化学奖得主约翰·哈特维希：

"我们需要更多基础科学研究，才能实现目标。如果能够有新的发现，我们可以不从大地中获取矿物原料，也不再向大气中排放温室气体，同样可以实现大规模的经济增长。"

在过去很多年里，癌症、帕金森病等疾病仿佛洪水猛兽，让许多人惊恐万分。同时，晚上睡得香不香，能不能活得更长，也是许多人都无比渴望了解的。这些困扰人类的话题，是众多诺贝尔奖得主和科学家孜孜钻研的科研课题，也是他们关注的焦点话题。

正如2013年诺贝尔化学奖得主迈克尔·莱维特所言："我们可以花5~10年登月，但是要解决癌症非常困难。这就好像踏上一段旅程却没有地图。基础科学的研究要花费很长时间，最后才会体现出它的重要性。"

人类已能很好地应对一些癌症了，但还存在未解的难题

"人体细胞的数量多达10^{13}，其中每一个细胞都需要持续的氧气供应。在过去30年中，我们一直想要理解，氧气的平衡是如何实现的，供给和需求是如何达到平衡的。"2019年诺贝尔生理学或医学奖得主格雷戈·塞门萨说，氧气被人体吸入后，最终进入细胞中的线粒体，使人从食物中吸收的营养物质变成能量，这个过程需要循环系统和呼吸系统不断地发生作用。

"转录因子在不同层面不断发挥作用。我们先要理解血细胞是如何发挥作用的，其中包括红细胞是如何传输氧气到身体各个部分。还有促红细胞生成素（EPO）可以让我们的骨髓生成红细胞。当身体中氧的水平下降时，EPO在肾脏中的生成速度就会提高。"

塞门萨进一步研究，如何去控制EPO的生成。在EPO基因当中，有33个DNA的节选，可以更改。"我们发现EPO基因附近有一小段DNA，这段DNA会与一种蛋白质存在特异性结合，从而引发或者增强EPO基因转录。我们把这种蛋白质叫作缺氧诱导因子1（HIF-1），它可以实现EPO基因在肾脏中的生成。"他还发现，体内氧含量降低到6%以后，HIF-1就会大量生成。当含氧量在3%～6%的时候，可以促成HIF-1大量生成。"因此，人体缺氧越严重，HIF-1就生成得越多。"

塞门萨的研究团队对HIF-1展开研究，发现HIF-1是循环系统发育所必需的，如果心脏没有发育完全，血管和血液都会出现问题。另外，还有一些相关的细胞基因：HIF-1α、HIF-2α、HIF-3α。HIF-2α和HIF-3α是

仅仅存在于某些脊椎动物物种的细胞类型中，而HIF-1α则存在于几乎所有后生动物物种的所有有核细胞类型当中。"这些是脊椎动物和无脊椎动物的区别，它在反应的时候不仅仅打开一个基因，如果有血液流失的情况，不仅肾脏会生成EPO，而且会有一系列的基因从十二指肠吸收铁，因为我们需要铁才能有转铁蛋白，我们身体才能生成更多红细胞。"

"我们把三价铁还原成二价铁之后，铁转运到血液当中，通过转铁蛋白与红细胞结合。全过程需要HIF-2α调节，从肝脏到十二指肠，再到血液和脊髓。这个系统对保证人体中红细胞的生成至关重要。"塞门萨举例说，有一种非常罕见的疾病，叫"先天性红细胞增多症"，表示人体当中生成了太多红细胞，就会造成中风和心脏病。"检查这些病人时会发现，在他们的基因通路中，HIF-1和HIF-2α的活动减少，红细胞数量就会增加。提高红细胞存活、增殖和分化，对慢性肾脏病患者非常重要，因为慢性肾脏病会使得身体停止生成EPO。"

塞门萨认为，肿瘤内缺氧也是晚期癌症的一种症状，与患者死亡率增加有关。在晚期癌症患者体内，有大量已经凋亡的细胞，同时也生成了大量HIF-1α抗体。"我们知道，大剂量化疗可以杀死各类细胞，但是目前还没有一种疗法，可以直接针对癌细胞。"塞门萨透露，现在正在开发的药，可能有助于治疗癌症。"我们已经看到有一些药品可以在动物模型当中有效地控制原发肿瘤的生长和转移，通过HIF-1抑制剂'地高辛'（Digoxin），可以降低三阴性乳腺癌原位模型中原发肿瘤的生长和转移，所以它对癌症是有治疗作用的。"

塞门萨和凯林等科学家用全新的视角发现了癌细胞扩散发展的规律。"人们感觉氧气不足时，往往会出去透透气，找一个氧气充足的地方；癌细胞也是如此，它们在组织中不断游离，找到氧气更多的空间。肺部、骨头、肝等处氧气比较多，所以癌细胞容易扩散到这些区域。"

塞门萨介绍，目前科研人员正在做动物实验，希望研究出可以在低氧状态就能杀死癌细胞的药物，不让癌细胞出来"透气"。"同样是癌症患者，有的肺部存在细菌感染，有的还感染了艾滋病，要彻底治愈，需要根据不同病症，采用不同的药物组合对症下药。"他还透露说，希望利用人工智能，输入相关数据后，看看病人最适合哪种药物。"希望在不远的未来能实现这个目标，这将大大提升癌症病人的生活质量。"

在塞门萨看来，许多人希望通过吃营养补充剂来预防疾病，因为没有临床数据支撑，有效性很难确定。他不建议吃营养补充剂，认为预防疾病最重要的是健康饮食。他补充说，这需要很多配合工作，包括避免吸烟、减少空气污染、积极锻炼、防止过度用药等。

塞门萨指出，今后科学家们会在预防性药物上多下功夫。谈及"癌症将来能被治愈吗"，他表示，目前需要因"癌"而异——有些癌症人类已能很好地应对了，但也还存在未解的难题。"治愈癌症，正是科学家们共同努力的方向。"

HIF-2α抑制剂已经进入临床试验阶段，很多患者确实获得了好处

2019年诺贝尔生理学或医学奖得主威廉·凯林的研究焦点，从一种罕见的常染色体显性遗传性疾病希佩尔-林道综合征（VHL综合征）开始。这类患者天生就存在基因突变，易患肾癌，也容易合并出现眼、脑、脊髓、胰腺和肾上腺的肿瘤。

"平均每3.5万人中就会有1个人得VHL综合征，由于染色体3p25VHL抑癌基因突变，失去了应有的抑癌功能，造成中枢神经系统、视网膜以及肾脏病变，还有嗜铬细胞瘤。为什么要强调肾病呢？因为在发达国家，肾病是一个非常重要的死因。"

凯林解释说，基因学研究发现，VHL综合征患者的基因突变，可能来自母亲或者父亲的遗传。"我们再来看非遗传性肾病，VHL抑癌基因两边都突变了，跟遗传性的VHL是不一样的。对临床医生来说，VHL综合征肿瘤的血管生成能力是非常强的，患者生成的血红细胞太多了。"

随后，凯林进一步阐述了VHL蛋白与氧气之间的关系。"VHL蛋白肯定在氧气感应中是发挥作用的，这些肿瘤会生成促红细胞生成素，正常的细胞没有得到足够的氧气，而肿瘤获得了过多氧气，会不断生长。那么，VHL蛋白是不是和氧气感应之间有关系呢？大家可能听到过包括GLUT1在内的调节基因，是调节葡萄糖摄取的。通过其他研究者了解到，只有在氧气充足的情况下，缺氧诱导因子（HIF）才会降解，当氧气不充足的时候或者VHL

蛋白出现突变以后，HIF就会比较多。"

凯林提出了下一个问题：VHL蛋白怎么知道到底是有氧气还是没有氧气呢？2001年时，他的团队研究发现，VHL基因编码蛋白的结合是高度依赖氧气的。"最后我们做了一个HIF脯氨酰羟化酶反应，脯氨酰羟化酶会对HIF做一个标记，然后消除。氧原子是从周围的氧气过来的，可以看到它的亲和度也是非常低的。有很多与之相关的基因，最重要的是EGLN1，又称PHD2，它是非常重要的调节器。"

凯林介绍，他的团队合作发明了一个与EGLN1相关的抑制剂。"透析前，慢性肾衰竭患者口服EGLN1抑制剂来治疗贫血。几个月以后发现，这些患者开始重新自己生成EPO了，生成自己的红细胞和血红蛋白。"

凯林和团队通过研究VHL综合征患者发现，VHL蛋白是肾癌重要的第一步，但不是充分条件。它会慢慢演变成肾囊肿，最后才变成肿瘤。"要过好多年，甚至几十年，囊肿才会变成肿瘤。在这个过程中，会有其他的基因突变，涉及其他基因。"

治疗肾癌，VHL蛋白还是很重要吗？凯林尝试寻找答案。"20年前，我们发现HIF-2的抑制是肿瘤抑制因子（PVHL）抑制肾脏肿瘤的充分必要条件，为了搞清楚HIF的作用，我们做了一个比较充分的实验。结果发现，我们引入的HIF-2α无法被检测到，如果把HIF去除掉，只剩下HIF-2α就没有肿瘤。由此发现，用VHL蛋白抑制HIF，确实是非常重要的。这只是对HIF-2有特异性，我们在HIF-1中没有看到类似的效果，所以HIF-2才是真正的罪魁祸首。"

"这是第一代HIF-2α抑制剂，很多人认为，这个蛋白质是不可以用药的，但是凯文·加纳德（Kevin Gardner）找到了能够用药的一个靶点。在美国西南大学，他们对这个靶点做了结合，使它不能够和ARMT以及DNA结合。"凯林说，"有一家公司最近被德国默克集团收购，也研发了HIF-2α抑制剂，他们用了PT2399化合物，和先导化合物类似。研究人员针对小鼠做了实验，并发表了论文。令人非常高兴的是，这些都已经进入临床试验阶段，很多患者确实在临床试验中获得了好处。"

把应激路径作为治疗靶向，在许多疾病领域中都有重要前景

"我想说的话题是，好奇心推动基础研究，并最终推动实际应用。也就是说，从好奇心开始的研究，最终治愈了病人。"2014年拉斯克基础医学研究奖得主彼得·沃尔特重点提到了"细胞应激反应"。

"蛋白质是我们生命机器的重要组成部分，人体内有40万亿～60万亿个细胞，每小时都在产生新的蛋白质，通过氨基酸折叠，成为一套体系，再发挥作用。在我们身体当中，有很多酶来确保系统发挥许多作用，有些帮助蛋白质折叠，有些帮助蛋白质分解，好像是蛋白质的照料者，共同组成了一个完美的'机械系统'。许许多多蛋白质的质量控制，随着年纪的增长会出现问题，而这些蛋白质的质量控制非常重要，控制着我们的衰老。"

沃尔特指出，过去25年的研究表明，控制蛋白质折叠最重要的是感应通道，也就是说，蛋白质的折叠到底是正确的还是错误的，取决于这样的信号通道。"这个路径由信号蛋白质来控制，能够认出折叠错误的蛋白质。有些酶可以作为拮抗剂来发挥作用，有的可以激活各种各样基因转录的过程，让整个系统回到稳态和平衡的状态。"

在论述研究的应用开发时，沃尔特以足球为例。"欧洲许多国家都很热爱足球，现在产业做的是'临门一脚'，也就是增强精准性，有一个球就要想办法一次射门就可以得分。可是如何能得更多的分数呢？我们需要更多

的球和球门，也就是说，不要把鸡蛋全放在一个篮子里面，而是要去研究各种各样的节点。我们可以对许多节点做细胞学的研究，所以要有多个靶向、多个节点与多个信号途径。当然，我们还是可以一步一步来，但是要有更多球门。也就是说我们现在完全就是以诊断性的方法来做研究，只有一个球和一个球门，将来可以考虑有更多的球、更多的球门。"

沃尔特总结道，把应激路径作为治疗靶向，在许多疾病领域中都有重要前景。"未折叠蛋白响应和整合应激反应，有希望治疗癌症和其他的认知功能障碍。说到底，这些来自好奇心，另外还有抑制疾病的发现研究。对所有年轻人来说，科学其实是一场探索，是非常了不起的，大家可以去到未知的世界探索知识，里边肯定也有风险，实验室的研究经常会失败，但失败是成功之母。这是必经的过程。"沃尔特坚定地说，"把材料搬到实验室，我就相信这个材料最后能够形成一座桥，（使大家）以后有信心、有勇气探索这条路。"

了解细胞到底是如何活动的，对治疗癌症非常重要

让2012年拉斯克基础医学研究奖获得者迈克尔·希茨更感兴趣的是癌症的不同研究方法，他深入浅出地分析了锻炼与治疗癌症的关系。

"大家经常会遇到一种情况——诊断完之后，医生会说'我可以给你开个药，或者自己回去锻炼锻炼，身体就会好了'。我们会把这句话换成'你可以吃些药，或者做一些机械疗法'。《纽约时报》曾经有一篇报道，说锻炼可以帮助癌症治疗。这其实涉及'机械生物学'，机械生物学实际上提供了很多生物问题的替代解决方案，这也是过去10年我们的机械生物学研究院所做的研究。"

希茨介绍："机械生物学关注的主要问题，是了解细胞如何形成生物体。这可不是小问题，因为一方面在人的成长的过程中会形成细胞；另一方面，成人之后可能会受伤，涉及修复细胞成长，所以需要了解机械生物学。但是这方面的知识目前还很有限，我今天主要讲硬度感知及其和癌症的关系，其实机械生物学的讨论还能带来很多好处，比如干细胞生物学。"

希茨分析说，细胞的行为受到环境的很大影响。"我们希望了解细胞到底是如何活动的，这对治疗癌症非常重要。癌症有一个重要特点是'转化'，癌细胞不管基质的硬度如何，它们就是可以不断成长，而正常的细胞如果碰到很软的基质，就没有办法生存下来。因此，基质的硬度很重要。"希茨在实验室研究时发现，测量软骨的硬度，如果骨头是软的，细胞就会向大脑移动；如果骨头是硬的，细胞就会进入骨髓。"因此，这再次证明我

前面讲的基质的重要性。"

"接下来的这个结论，大家就不会吃惊了。我们在测量硬度时，发现这样一个流程——有两个长度为0.5微米的支柱相互拉近，就像搓一下，相互拉动之后又互相分开，20秒完成了收缩动作。在这个过程中，细胞知道了环境的硬度情况。这对细胞行为会产生影响，基质太软，会导致转化的细胞缺失感知能力，软表面的纤维母细胞就会死亡。"希茨补充说，癌细胞可能不知道环境的硬度有多高，因此它们在软的平面上生长。"我们用五种不同的转化细胞，有五个不同的组织，都是用不同的转化方法，也和自体纤维母细胞比较。这些不同的细胞都没办法感知到硬度，不知道环境到底发生了什么，就可以不断生长。这背后的道理，和我们的伤害恢复是一样的，而得了癌症之后，伤害恢复就不受控了。"

希茨透露，科研人员现在已经找到相关的15种蛋白质，把其中的一种蛋白质拿掉，就阻挡了细胞对硬度的感知。这些蛋白质中有很多是抗癌的，它们可以抑制肿瘤，特别是TPM2.1，很多癌症里面都没有它，还有 α 肌动蛋白和原肌球蛋白……"一旦把这些蛋白质拿走了，细胞就失去了感知能力，转化就会发生，细胞不管表面是硬还是软，都会不断成长，我们可以把这些蛋白质加回来，让这些细胞恢复硬度感知的能力，就能像正常细胞一样运作了。"

希茨总结说，因为"转化"让细胞没有办法感知到周围环境的变化，这是癌细胞转移的一个必要条件，而且也是肿瘤长大的前提条件。"我们觉得，阻止'转化'会阻止癌症的发展。"

真正要降低癌症的死亡率，应该通过癌症早期检测

2015年阿尔巴尼医学奖获得者、华裔科学家谢晓亮说，他近年来的研究重点，在于将突破性的基础研究向临床转化。他的第一项科研成果转化，是把他所在团队发明的无荧光标记非线性拉曼成像技术应用在脑外科肿瘤切除手术中区分肿瘤边缘。和传统的核磁成像、光学显微镜技术相比，快速拉曼光学成像技术看细胞无须标记，可以大幅加快手术中肿瘤边缘的鉴别，现在已经被产品化，并试用于脑外科手术。

2012年，谢晓亮带领团队发明了MALBAC（多次退火环状循环扩增）技术，能为单个人体细胞做DNA测序。简单来说，MALBAC技术可以均匀地放大单个人体细胞的全基因组，即使人类基因组序列的30亿个碱基对中存在一个碱基异常，理论上来说也能被检测到。

根据《2014年最新研究解析中国肿瘤流行病谱》的数据，中国人一生得癌症的概率是22%，死于癌症的概率为12%。谢晓亮介绍，MALBAC技术正尝试运用于癌症的早期检测。"为了减少这么高的死亡率，当然要有治疗癌症的方案和药物，比如免疫治疗、靶向治疗等。但是真正要把死亡率降下来，应该通过癌症的早期检测，这就需要DNA测序。"

谢晓亮透露，他的团队目前在攻克的难关是：通过血液里的DNA测序来对癌症做早期筛查。"一般来说，当细胞发生癌变但未形成病灶前，会在体液中出现肿瘤标志物，包括微RNA（miRNA）、循环肿瘤DNA（ctDNA）、蛋白质、外泌体和循环肿瘤细胞（CTCs）等。"他说，实验室研究目前已有

进展，但还没到公布的时候。"具体来说，特异性方面（一旦测出有癌变，即意味着的确患有癌症）已达到80%～90%，但是灵敏度还有待提高，现在只能测出40%～50%，如果能把灵敏度提高到80%～90%，那就会很好。"

睡眠为什么重要？因为睡眠之后一些受损的神经元得到了修复

对癌症等疾病来说，睡眠也是致病因素之一。美国加州大学洛杉矶分校教授杰夫·唐利亚一直致力于睡眠的研究。

"我的实验室用果蝇做实验，我们希望用果蝇的模型来理解动物是如何睡觉的。大家很感兴趣的一点是，最近的体验如何影响到未来的睡眠。我们知道，动物醒得越久就会越累，但是有一些体验会快速增加我们所需要的睡眠时间。因此，我们使用果蝇来理解睡眠前的压力，究竟是什么机制在控制睡眠。"

唐利亚介绍，他们研究时用了一个非常简单的脑损伤模式，把果蝇的触角剪断，也切断触角到中枢神经之间的信号传播通路。"我们可以看到，这个信号在触角剪断几小时后就快速下降，3～5天以后完全消失。我们发现受过类似损伤之后，它的睡眠质量大大提高了，之后又恢复了正常。"

睡眠和触角损伤之间有没有关系？研究者对此产生了浓厚兴趣，并做了一系列实验，来观察两者的关联。"我们在实验中找到了一种'嗨崴尔'（音译）的情况，如果看到'嗨崴尔'中间有突变，可以发现睡眠和触角损伤之间有33小时的关联。"

唐利亚随后进一步测试，从功能角度上讲，睡眠会不会使果蝇损伤修复。"损伤之后，果蝇的睡眠并没有受到影响，但是如果不让果蝇睡觉，就会发现这些损伤的修复要慢得多。"他补充说，如果在损伤之后的24小时不让它睡觉，损伤也会慢慢恢复。被允许睡觉的果蝇，损伤就慢慢消除了，但如果老是不睡觉，损伤修复就要慢得多。"我们发现，睡眠可以帮助修复损伤。睡眠之后，这些受损伤的神经元都得到了修复。"

所有创新药开发以及转化医学都要靠基础研究的进步

解决人类的病痛问题，归根结底要落实在转化医学。中国科学院院士陈赛娟对"转化医学"给出了精辟的归纳和点评："转化医学致力于填补基础研究与临床和公共卫生应用之间的鸿沟，为新药开发，新的疾病诊断、治疗和预防方法，开辟出一条具有革命意义的新途径。转化医学是从实验室到病房和病床的连续双向开放的研究与开发过程，是致力于克服基础研究与临床和公共卫生应用严重失衡的医学发展新模式。毫无疑问，创新性成果和产业资本在转化医学全链条的两端发挥着决定性作用。没有基础研究和应用研究创新，转化医学就成为无源之水；没有产业资本的投入，也难以支撑新药研发的高昂成本，无法发挥市场在资源配置方面的优势和效率。科学家和企业家之间有效互动，创新驱动和市场驱动有机结合，将为转化医学发展提供强劲的动力。"

当然，2004年诺贝尔化学奖得主阿夫拉姆·赫什科特别强调"基础研究"的重要性。"所有创新药开发以及转化医学都要靠基础研究的进步。在过去50年当中，我们看到人类的人均预期寿命大幅度增长，重大疾病的预防和诊断水平也有极大提升。"赫什科指出，研究有两大类：第一类是基础研究，出于好奇心这个基本出发点，人类想知道世界运行的机理是什么，所以希望通过基础研究，来认识世界、掌握知识，这是发现的基础；第二类是应用研究和开发，可以给社会带来直接的益处。"但是我要强调的是，没有基础研究，应用研究就没有根基，尤其是在医疗和制药行业，在过去几十年当中，包括新药开发在内，有了很大的进展，所有成果都是源自基础研究的进展。"

赫什科介绍，2018年已经有37种激酶抑制剂获得了美国食品药品监督管理局批准，相关基础研究对靶向治疗有巨大贡献。也就是说，许多新药开发都是基于基础研究的成果。他指出，蛋白质降解也非常重要。"我们要问一个问题：蛋白质如何降解于高度选择和调节的模式？有些蛋白质降解得非常快，而有些蛋白质降解得非常慢，这是如何调节和选择的？我有一个研究小组，包括阿龙·切哈诺沃教授，也参与了这个项目的研究。我们也和癌症研究中心合作，他们可以为蛋白质打一个标签，通过泛素链去降解。泛素可以实现化学连接和蛋白质相连，形成泛素链。这个泛素链就可以发挥降解作用，这就是一个标识的过程。系统会选择需要被降解的蛋白质，然后用泛素把它相连，做一个标签。"

赫什科进一步解释说，泛素系统可以发挥很多作用，包括控制细胞分裂、信号传导、基因表达调控、炎症反应、免疫反应、胚胎发育，通过去除异常蛋白质来控制蛋白质的质量，这些都非常重要。

第一，抑制细胞分裂，对于治疗癌症具有非常重要的意义；第二，参与信号传导，有些重要的信号，就是由泛素系统来传导的；第三，泛素系统还可以调节基因表达——在基因里面，有些DNA是生成蛋白质的，有些DNA是进行调控的。此外，对炎症的反应，免疫发育、胚胎发育等短期发育系统，细胞的变化和分解等，都离不开泛素系统。

"许多新药开发，都是基于对细胞蛋白质降解。也就是说，开发这些药物，说到底还是基于基础研究，基于对细胞蛋白质降解的研究。"赫什科补充说，"研究收益也是非常重要的问题，基础研究必须依靠政府资助，而应用研究转化成有效的新药，就是对全社会的回报和收益。社会必须支持基础研究，这也是社会的一种投资，最后会得到良好的收益。这就是为什么基础研究对医药开发以及医学来讲，都非常非常重要。"

2013年诺贝尔化学奖得主迈克尔·莱维特也反复强调了"支持基础科研"的重要性。

　　"基础研究的发现很多时候都是偶然的，我们的许多发现都非常意外，像中大奖一样，在座的科学家都懂这点。政府层面其实没有办法做一个5年或10年的计划来治好癌症，我们可以花5～10年登月，但是要解决癌症非常困难，这就好像踏上一段旅程却没有地图。"莱维特认为，如何说服政府去做一些投资，有时候就像掷色子一样，需要一点运气。"通常来说，基础研究要花费很长时间，最后才会体现出它的重要性。在座的科学家获得了各种奖项，包括诺贝尔奖，但他们年轻时都不知道会有这样的结果。他们很年轻时就加入了科研团队，到年纪很大的时候才获得这些奖项。我想要告诉大家，科学家们所做的事有很大的影响，但通常需要很多年才能造成影响。"

　　莱维特以自己为例，他是在重要科研完成45年后才获得了诺贝尔化学奖的。"当我们获得认可的时候，可能有很多人会记得我们。我听到一种说法，认为中国现在对基础研究的投入可能比西方更多，投资了多年，为什么还很少有人得诺贝尔奖？我们必须认识到，今天的诺贝尔奖，其实认可的是三四十年前的科研工作。中国的科学家为什么还没有得到很多诺贝尔奖？我们就要问，基础研究方面的投资在三四十年前是什么样的？大家还需要更多的耐心。"

学术界的专家可以做什么呢？基础研究要和知识转化中心协作

来自日本的2010年诺贝尔化学奖得主铃木章教授，经常在不同的场合推介以自己名字命名的"铃木反应"和"铃木偶联方法"，各种各样硼化合物和有机卤化物可以互相交叉反应，他还特别列举了一系列利用"铃木反应"所研制的新药。

他介绍，美国的一家制药企业使用"铃木反应"来开发药物，研制了血管紧张素Ⅱ受体拮抗剂，现已广泛用于临床，主要用来治疗高血压及其他心肾疾病。"另外一个应用是诺华制药公司研制的缬沙坦，这是一种抗高血压的降压药，诺华通过'铃木反应'，把之前需要五步完成的化学步骤改进成了一步，很多制药企业都用铃木偶联方法。"铃木章补充说，制药企业用交叉偶联的方法，研制了抗癌药、抗艾滋药、万古霉素类抗生素等众多药物。

1988年诺贝尔化学奖得主罗伯特·胡贝尔推介了自己关于蛋白酶体在药物设计当中对蛋白质结构的作用的研究成果。蛋白酶体是一个直接的靶向，基于所有的结构信息。

"蛋白质的生命周期，有蛋白质合成、折叠和降解。蛋白质降解其实有不同的降解方式。通过和肽结合，蛋白质可以实现正确降解。如果蛋白酶不受控制，就会出现各种各样的问题，所以在我们40多年的研究中，就是研究不同的蛋白水解酶，然后去研究它们是如何被调节的，因为这个调节是至关重要的。"

胡贝尔还提到了一个非常重要的发现——美国一家药厂看到他们团队发表的关于结构的文章，推出了一个新的战略，来应对骨髓瘤。"这对患者来讲，是一个非常好的解决方案。现在全世界有100多家研究机构在研究蛋白酶体抑制剂，可以用来治疗骨髓瘤。"

随后，他举了一种蛋白酶体抑制剂的研发例子。

"大多数蛋白酶体抑制剂的成分来自自然界，比如乳糖或者其他各种多肽，都是把靶向放在N-terminal（氨基末端）上面。这些蛋白酶体抑制剂被发现，是因为人们在这方面做了很多研究。接下来看看蛋白酶体抑制剂在临床上的应用，蛋白酶体抑制剂在临床上出现不同类型的药物，第一代的药品是硼替佐米，第二代是卡非佐米，从第一代到第二代的发展过程中，蛋白酶体抑制剂的化学式也发生了变化，到第二代之后，形成了更强的稳态。"

胡贝尔总结道，组成蛋白酶在临床上非常重要，对于癌症和免疫系统疾病的治疗都具有重大的意义。"学术界的专家可以做什么呢？我觉得，我们现在有一个很有前景的目标，需要学界和知识转化中心共同来做。这个研究中心可以合成成百上千的蛋白酶体，研究组成蛋白酶和免疫蛋白酶，再去把重点放在组成蛋白酶体的抑制。"他补充说，此外，也可以开展一些关于分子的研究，是针对血液细胞的，会给治疗白血病带来新的希望。"还有免疫学，我们看到有两个免疫蛋白酶体子单元的抑制，也可以采用类似模型来研究。"

抗生素耐药性导致人均预期寿命增长放缓，
有希望开发出新的抗生素，更好地去抗击病原体

2009年诺贝尔化学奖获得者阿达·约纳特分享了一个所有人都感兴趣的主题"人均预期寿命"。"随着年岁渐长，我们对这个主题会越来越感兴趣。"

约纳特介绍，在2005年的时候，一些国家的人均预期寿命已经超过了80岁，然而，还有很多国家的人均预期寿命仍然非常低。"包括日本在内的多个国家，从19世纪中叶开始，人均预期寿命始终呈现上升趋势，到2000年之后，又有了进一步上升的趋势，我相信未来的一个世纪当中，世界人均预期寿命会有更大幅度提高。这背后的科学原理值得研究。"

她提到，20世纪40年代和50年代，人均预期寿命曾实现了接近于直线的增长。"其实可以上升得更快，曲线在20世纪中叶的时候，有一个比较大幅的放缓，因为在那个阶段，发生了第二次世界大战。"

约纳特分析，人均预期寿命增长背后有多方面的临床原因。"其中一个原因，是抗生素的发明，它使人均预期寿命显著增长。为什么之后又出现放缓呢？很大程度上是因为出现了抗生素的耐药性。其实自然的、天然的抗生素，是微有机体，用来对抗其他细菌，本身就是从细菌当中提取。如果是天然提取的话，它对病人不会造成任何影响，但是在我们如今所了解的抗生素中，超过40%是通过生物合成的。"

"在大多数情况下，抗生素实现功能可能导致我们核糖体的瘫痪。"约纳特补充说，根据世界银行的估计，到2050年，因为抗生素耐药性的问

题，全球的GDP每年会因此降低3.8%。"但是，目前开发的新品种抗生素非常少，因为开发费用非常昂贵，而且效率也不是很高。"

约纳特介绍说，一些常见细菌的耐药性，都呈现了上升趋势，在2000—2007年，只开发了一种新的抗生素。"细菌也需要生存，而细菌在新陈代谢方面比人类更加'聪明'，所以人类现在只能用我们的智慧尽可能找到那些非常重要的抗生素。对不同抗生素来说，最重要的结构模体，可以找到抗击不同病原体的抗生素，这将会是我们对人类健康最重大的贡献之一。"

在研究过程中，约纳特把致病细菌的结构，尤其是它的核糖体，和正常的无害细菌的核糖体做了比较。"大部分细胞的核糖体都是类似的，不同的致病细菌会有不同的结构模体。"

"我们可以看出，有颜色的部分是病原体，也就是会致病的细菌。没有颜色的部分是不会致病的细菌，从数据上来讲，致病菌是非常少的，大多数细菌都不会致病。P代表致病细菌，M代表模型，我们会去比较它周围的结构，找到一些潜在的结合位点，我们找到了25个可能结合的位点，针对其中某些位点开发新的抗生素。"约纳特笑着说，"如果能够找到这些位点的话，我们有希望开发出新的抗生素，可以更好地去抗击病原体，而且可以保持原有的微生物组。这对我们整个的生态环境是友好的。"

科学的成就不计其数，很多都是通过生物学家和化学家合作来实现的

2019年沃尔夫化学奖获得者约翰·哈特维希以自身的经历强调了"科学对人类影响"的主题。

"合成化学创造或者增加了许多高性能的新材料，应用在我们的日常生活中，比如食品、车辆、衣服和医药。我刚成年的时候，全球正遭遇艾滋病的危机，现在即便是得了艾滋病，也可以通过'鸡尾酒疗法'生存下来，甚至活得不错。有一些分子可以治疗丙肝，是化学家在实验室里生成的。父亲在我5岁之前得了心梗，其中一个致病原因是胆固醇高，我其实也有这个问题。我现在50岁了，胆固醇水平恢复了正常，因为我服用了一些药片。"

哈特维希补充说，在过去几十年当中，科学的成就不计其数。其中很多都是通过生物学家和化学家合作来实现的。"我们现在吃一些药片，就可以降低胆固醇，赶走细菌、病毒，或者是治愈头痛等很多疾病。这些都是成功的例子。"

他展开进一步分析：世界经济大概以每年3.6%的速度增长，按照这样的速度，世界经济总量在20年后会翻番。也就是说，20年后，汽车的数量和粮食的需求可能都会翻番，人类生产的塑料也会越来越多，未来10年生产的塑料或许比有史以来生产的总量都要多。"因此，我们需要有长距离运行的汽车；我们希望能够发明性能更好的新型电池甚至是直接通过阳光来

充电；我们希望有更好的方式来生产粮食、存储粮食；我们还希望开发出来的新材料不只能使是用一次，而是可以重复利用。"

哈特维希总结道："我觉得，我们需要更多的基础研究，才能实现目标。如果能够有新的发现，我们可以不从大地中获取矿物原料，也不再向大气中排放温室气体，也能实现大规模的经济增长。"

第6章

如果大脑可以移植，人类可能永生

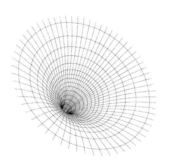

郜阳　编撰

中国科学院院士蒲慕明：

"理解大脑，不仅要知道大脑皮层的结构和功能，还要知道大脑皮层里那些复杂的神经核团的功能。"

中国科学院院士杨雄里：

"对脑的研究就好像'拉着自己的头发使自己脱离地球'一样。"

2014年诺贝尔生理学或医学奖得主爱德华·莫泽、迈-布里特·莫泽：

"如果有一个人疯了，我们可以治好他，或者至少可以控制住他；但如果一台人工智能的机器疯了，我们将无计可施。"

1991年诺贝尔生理学或医学奖得主厄温·内尔：

"为什么神经可以接收这些电信号的传递，它们之间特殊的传输方法是什么？"

2017年诺贝尔生理学或医学奖得主迈克尔·罗斯巴什：

　　"从近半个世纪的睡眠研究来看，我们可以找到睡眠与寿命之间的关系。"

2019年沃伦·阿尔珀特奖得主吉罗·麦森伯克：

　　"如果我们的假设是正确的话，我们就可以预测到通过控制在源头的氧化还原反应，改善昼夜节律。"

2016年诺贝尔生理学或医学奖得主大隅良典：

　　"或许研究一些特定神经元的自噬机制，再去看看细胞中的自噬调节机制，会给治疗神经退行性疾病带来灵感。"

2013年诺贝尔化学奖得主迈克尔·莱维特：

　　"我们应该在生物智能的学习当中有所收获。"

大脑是人体最复杂的器官，破译大脑运转的"密码"、解开生命之谜，是无数科学家的梦想。脑科学主要研究大脑的结构和功能，是全球不少科学家正在研究的热门领域。在迄今为止的诺贝尔生理学或医学奖获奖成果中，有约四分之一的研究与脑科学有关。脑科学已经成为21世纪最前沿的研究领域，尤其与信息科学的交叉研究已成为其发展的一个重要趋势。脑科学的研究成果，不仅有助于人类脑疾病的防治，也将对信息和智能产业的发展产生巨大的推动作用。

脑科学现在的处境，相当于物理学和化学在20世纪初期的处境

大脑是人体最重要的器官，也可能是宇宙间最复杂的物体。大脑外面有皱褶的这层叫大脑皮层，是所有重要的脑功能的关键区域。中国科学院院士蒲慕明表示："理解大脑，不仅要知道大脑皮层的结构和功能，还要知道大脑皮层里那些复杂的神经核团的功能。"

现在，人们对大脑的了解，比如大脑如何处理信息、神经细胞怎样编码和传导信息、信息如何从一个神经元交互到另一个神经元……这些传导机制都理解得比较清楚；对不同的神经元做什么、在各种功能中会产生什么反应，也很清楚。"在过去的一个世纪里，诺贝尔奖涉及的神经科学中的重要发现都跟大脑的信息编码、储存相关。"

但是，人们只对神经细胞如何处理信息了解得很清楚，对整个大脑复杂的网络结构了解不多。到底是什么原理使神经细胞在某种情况下发生某些反应，人们并不是很清楚；对大脑中的信息处理机制不太了解，对各种感知觉、情绪，还有一些高等认知功能——思维、抉择甚至意识等，也理解得比较粗浅。

"我常常打这样一个比方，脑科学现在的处境，相当于物理学和化学在20世纪初期的处境。有很多事情已经搞清楚，但是重大的理解和突破还没有出现。"蒲慕明说。

虽说脑科学已有相当大的进展，但是未知的比已知的要多得多，所以

现在的脑科学是生物科学里比较神秘的领域。从这点来说，脑科学将成为未来生命科学发展中很重要的一个领域。

脑科学中最关键的问题，是人们对脑的各种功能和神经网络的工作原理知道得非常粗略。人们知道大脑不同皮层的部位有不同的功能，但是人们只是大致理解脑区和功能的关系，而更多的细节就不清楚了。

蒲慕明介绍，《科学》（Science）杂志在庆祝创刊125周年时，邀请全球几百位科学家列出他们认为当今世界最重要的前沿科学问题，最后归纳为125个，其中有18个问题属于脑科学领域。排在前面的包括意识的生物学基础、记忆的储存与恢复、人类的合作行为、成瘾的生物学基础、精神分裂症的原因、引发孤独症（又称自闭症）的原因，这都是大家关心且未被解决的重大问题。

要理解这些问题，就要知道大脑的神经网络。大脑的神经网络非常复杂，神经元数目众多。大脑有1 000亿个神经元，而且每个神经元的放电模式、编码模式、信息处理方式也不一样。

PET Imaging（正电子发射断层扫描成像）或是MRI Imaging（核磁共振成像）等功能成像手段，提供给人们的是一个分辨度在厘米或毫米尺度的宏观视野。在这个范围内，大致可以看到神经束在脑区之间的走向。每个神经束都由成千上万的神经细胞纤维构成。要进一步知道细节，必须在介观（介于微观和宏观之间的状态）层面对神经环路进行研究，了解每一个神经细胞如何跟其他不同种类的神经细胞进行连接，并输送信息，在发挥各种功能时有什么活动。我们还可以在电子显微镜下对细胞进行观察，从微米到纳米层面，这样的微观尺度会让人看得更精细。

目前，神经科学最关键的一点，就是从已知的宏观层面进入了介观层面，进而理解大脑的神经网络结构的形成与功能。

对脑的研究就好像"拉着自己的头发使自己脱离地球"一样

思考使人类区别于其他生物和机器，而这一切都是由生命机体活动的"司令部"——大脑来控制的。不仅仅是思维，人们的视觉、听觉和注意力等时时刻刻都受到大脑的控制。然而，情感有时会被视作理智思考的对立面，不受控制的情感会干扰、妨碍人们做出正确、合理的抉择。在脑科学领域，还有很多问题值得我们深究。

"我们能够感觉、运动、思考、有情感，都是因为我们有无与伦比的大脑。"长期从事视网膜神经机制研究的中国科学院院士杨雄里介绍，"对于脑的研究，一直是人类自然科学研究的前沿领域，不少人认为，脑的研究是终极疆域，也是最困难的分支。"有别于其他客观事物，对脑的研究就好像"拉着自己的头发使自己脱离地球"一样。不过，他们还是取得了不少成果。他们已经能用微电极记录单个神经细胞产生的生物电活动，并运用功能磁共振成像完整看到在某一种刺激下大脑活动的情况。"如果你手里有一张梅花五的纸牌，却告诉别人另一种花色，功能磁共振成像就能发现你的大脑部分区域活动特别激烈。"杨雄里表示，"对于一些脑的高级功能，科学家们已经有了研究的技术方法。"

不少人一直好奇，人与人之间是否真的有"心灵感应"。杨雄里举出了国际上的一个案例。2014年巴西世界杯开幕式上，一名巴西瘫痪少年在脑控外骨骼的帮助下开球。这款外骨骼由植入头皮或者脑内的电极探测到的大脑活动控制。大脑发出的信号将通过无线方式传输给佩戴者身上的一台计算机，计算机负责将信号转化成具体的动作。"还有一些人与人之间的实验，都提出了一种可能，即可以通过思想支配另一个人的行为。"

世界上公认的天才音乐指挥家舟舟，其智商只有常人的一半，但他在指挥庞大的交响乐团时表现出超凡的才能。杨雄里介绍，那些患有"低智特才综合征"的人，其智商往往低于常人，但他们在某些方面具有超常人的天赋。"这个症状在1789年第一次被描述，但一直以来，科学家们还没有参透这与大脑之间的具体联系，这也是脑科学研究需要攻克的'山头'之一。"

应警惕人工智能与脑机科学的风险

"将人工智能应用于神经科学领域可以帮助人们更高效地处理数据、理解大脑的工作模式，但同时应警惕人工智能与脑机科学的风险。"2014年诺贝尔生理学或医学奖得主、挪威科学家爱德华·莫泽与迈-布里特·莫泽表示。

2000年左右，也就是在欧基夫发现位置细胞30年之后，爱德华·莫泽、迈-布里特·莫泽在海马体附近的内嗅皮层中发现了一种与导航有关的细胞，即网格细胞。实验用的小鼠通过网格细胞在大脑中形成了坐标系，就像一个微小的全球定位系统（GPS）一样，使精确定位和路径导航成为可能。

人工智能飞速发展吸引了一系列研究领域与之交叉，其中一大热门就是神经科学和脑科学。迈-布里特·莫泽表示，脑机芯片与神经技术已经被应用于人类大脑，但从认知层面来看，芯片可能制造新记忆，但无法修补旧的记忆。"如果失去了童年的记忆，你无法通过植入芯片将其找回来。"她解释道。大脑中隐藏的信息与数据极其丰富，芯片可以与新细胞建立联系，为大脑制造新的记忆，却无法修复细胞，也不知道该"同哪些细胞对话"，无法找回丢失的记忆。

另外，当被问及他们发现的网格细胞以及擅长研究的"大脑GPS系统"对阿尔茨海默病等其他脑疾病的研究是否有帮助时，爱德华·莫泽表示："大脑的导航系统是其认知系统的一部分，当我们对大脑的认知系统有更多研究的时候，我们就能更好地理解精神类疾病，更好地预防和治愈它们。"他认为，依靠人工智能与机器学习，人们将能找到一些规律来确定病人是否患阿尔茨海默病。

爱德华·莫泽、迈-布里特·莫泽的"成名作"是发现了一种特定的、具有导航功能的大脑细胞。它们相互协调合作，帮助大脑衡量位置与环境。他们用小鼠进行实验：记录下小鼠的活动路线，同时监测其大脑活动。爱德华·莫泽、迈-布里特·莫泽发现，小鼠大脑内嗅皮层的特定神经细胞只在它们经过特定地点时才会活跃起来，细胞的反应节点形成六边形样式，所以他们称这种神经细胞为网格细胞。这些网格细胞为大脑提供了相当于纬度和经度的"坐标"，它们与位于大脑海马区的位置细胞一起形成了"大脑GPS系统"。

爱德华·莫泽还表示，他们的实验室正在进一步实现同时监控很多网格细胞的活动。他们发现，网格细胞总是形成一些特定的模式，即使动物在睡眠中，负责"导航"的大脑细胞也在一直活动。这表明网格细胞的活动是动物固有的、无法改变的，同时也是较独立的。这也说明一些动物在这方面的编码来自其大脑自身，而非外界输入的信息。

迈-布里特·莫泽补充称，同时监控研究多个网格细胞的意义在于理解多种细胞之间如何合作、合作的原则以及它们带给彼此的影响，进而探索大脑与人类行为之间的关系。

爱德华·莫泽表示，他们的实验室在监控多个网格细胞时，与北京大学开展了合作。这对诺贝尔奖得主在实验中使用了北京大学研发的新一代微型显微镜，这款神经科学家的"神器"是中国自主研发的"微型双光子显微成像系统"。这款微型化、可佩戴式双光子荧光显微镜仅重2.2克，由北京大学分子医学研究所程和平院士牵头的多学科交叉研发团队历时三年多研制成功。

这款显微镜在国际上首次记录了悬尾、跳台、社交等自然行为条件下，小鼠大脑神经元和神经突触活动的高速高分辨图像。在动物自然行为条件下，实现长时间观察神经突触、神经元、神经网络、多脑区等多尺度、多层次动态信息处理。这样，不仅可以让研究者"看得见"大脑学习、记忆、决策、思维的过程，还将为可视化研究自闭症、阿尔茨海默病、癫痫等脑疾病的神经机制发挥重要作用。该技术被认为将建立起今后脑科学研究的新范式。

为什么神经可以接收这些电信号的传递，它们特殊的传输方法是什么？

1991年诺贝尔生理学或医学奖得主厄温·内尔表示："离子通道是一个非常重要的靶点，在制药行业、化学行业中发挥着非常重要的作用。"厄温·内尔认为，我们要先根据生物电子来了解分子的情况，而离子通道的研究包括在动物体内的毒物、毒性研究。作为一个重要的工具，离子通道还可以作为香料以及其他物质的靶点。

200多年前，有一位意大利科学家伽伐尼解剖青蛙时发现了"生物电"；100年后，一位西班牙专家画了一幅图片，给我们展示了细胞膜的一些结构。"我们知道，我们的大脑是由一个巨大的网络组成的，连接了许多的神经元，所以当时的科学家们就已经有了离子通道的想法。"厄温·内尔介绍。后来又有一位科学家发明了第一台测量生物电流的机器，可以在神经当中捕捉到电信号，这就是所谓的第一次对电信号的发现。50年后，一位生物学家提供了他对神经信号的研究成果，科学家们得出来的结论是电信号可以通过神经元传递。

"在我刚进入这个领域的时候，我有一些疑惑：为什么神经可以接收这些电信号的传递？它们之间特殊的传输方法是什么？我和我的朋友希望能够正视这个理论，也就是离子通道确实存在，也希望证实当这些信号传递的时候，我们可以捕捉到证据。"厄温·内尔表示。为了实现这个想法，人们需要开发一个研究的方法，它的原理其实非常简单——通过替换一个管道，把它注入细胞表面，可以分离细胞膜去了解电信号的传递。

"如果足够幸运的话，我们就可以通过这个膜片捕捉到离子信号，然后推动这一领域的研究进程。"幸运的是，厄温·内尔成功了，这项研究的一些改进使人们了解到离子信号的变化，而这个实验在欧洲得到广泛运用，所以可以确认它的一些关键作用——它在神经元信号传递中发挥了极大的作用，我们可以通过这种传递介质，记录蛋白质在细胞膜内外的交换。

睡得太多或太少，都可能缩短寿命

迈克尔·罗斯巴什教授因发现昼夜节律而闻名，昼夜节律的周期性为24小时，主要影响生物的日常行为模式。基于对果蝇的深入了解和广泛研究，他在发现参与生物节律调节的基因和分子机制方面做出了重要贡献。这项工作具有深远意义，特别是在理解遗传基因对人类日常生理过程的影响等方面。近年来，迈克尔·罗斯巴什针对昼夜节律的脑神经元进行研究，其课题组已经鉴定出7个解剖学上不同的神经元组，它们都表达核心时钟基因。目前，迈克尔·罗斯巴什课题组依然聚焦于对RNA加工以及构成昼夜节律的基因和分子机制的研究等。

"昼夜节律一词来自拉丁文，它并不是标准的24小时。讲到人类，我们的生物钟每天都放缓了15分钟。"迈克尔·罗斯巴什在2017年因发现了生物体控制昼夜节律的分子机制而荣获诺贝尔生理学或医学奖，他表示："我们看到昼夜节律的周期是24小时，为什么不是20小时或27小时？这是由生物、化学结构所造成的，可以说是一种非常重要的生物化学反应。"

迈克尔·罗斯巴什及其团队在对果蝇的实验中发现，果蝇虽只有10万个神经元，仅仅约为人类脑细胞数量的十万分之一，但这10万个神经元中，只有75对神经元突触对昼夜节律产生了非常大的影响，由此组成昼夜回路。"这与我们35年前的预测十分相似，这些就是果蝇关键的昼夜神经元，它们主宰着睡眠、觉醒。这些神经元从外部接收输入因素，比如光和黑暗的信息，同时也接收来自内部的输入，比如果蝇的精神状态。"

　　时至今日，很多学术论文都表示昼夜节律加强可能缓解神经退行性疾病。迈克尔·罗斯巴什说："阿尔茨海默病患者常常睡眠不好，白天总想睡觉。如果晚上尽可能减少光照，可能缓解这方面的症状。不过，至今还没有足够的临床研究佐证这一背后机制。"

　　迈克尔·罗斯巴什分析，从近半个世纪的睡眠研究来看，可以找到睡眠与寿命之间的关系，即睡得太多或太少，都可能缩短寿命。这是非常有意思的假设。"从严谨的角度来分析，我们无法直接得出这样的结论，因为不知道是否有潜在疾病引起睡眠模式改变，也许那些疾病在其中发挥的作用更为关键。"

睡眠对人来说非常神秘，我们依然不知道
睡眠是什么

　　吉罗·麦森伯克是光遗传学的创始人之一，他是第一个通过基因改造神经细胞的科学家，可以用光控制神经细胞的电活动。这一技术将用于光响应性视蛋白的DNA插入细胞中。麦森伯克对大脑中含有光响应神经细胞的饲养型动物进行了类似的基因改造，并且首次证明这些动物的行为可以被远程控制。由麦森伯克建立的光遗传学控制原理已被广泛采用，现已被推广到其他生物系统并在技术上得到了改进。吉罗·麦森伯克的大部分工作会继续用黑腹果蝇（果蝇）完成，果蝇可以帮助我们详细了解可能与人类健康有关的大脑功能的分子、细胞和生理机制。

　　光基因的因子对生理会有什么样的影响？吉罗·麦森伯克告诉我们，首先，光是通过眼睛进入人体，然后它会和我们大脑中的一些神经元相连，最后光可能会对我们的生理活动产生一些抑制或者促进的作用。

　　"我们可以去自由地按照这样一个实验来打开几扇大门。"吉罗·麦森伯克说。首先，我们可以用更精确的方式研究基因对于行为的影响，同时我们也可以用相关的因子去重建一些生理行为模式；其次，我们可以寻找神经领域的一些联系，过去，在人的身体上加上电极是非常痛苦的，光可以在各个组织当中来使用；最后，我们有一些机制性的想法，而判断这些机制是否正确的办法只有一个，就是进行有目标的研究。

　　"我研究的一个领域能够打开此前三个未曾被开启过的研究的大门。"

吉罗·麦森伯克兴奋地表示。

首先是睡眠，也就是神经元的控制。睡眠对人来说非常神秘，我们到现在依然不知道睡眠是什么。我们先要了解什么样的机制造成了睡醒和睡着，这里有两个体系，就像大家飞到另外一个时区有时差，我们要了解这样一个变化。

其次是控制。睡眠与外界的变化有关，同时也受内部变化的影响。当某些变化超过了一定阈值之后，人就睡着了，有点像醒着的时候在加水，一直加，一直加，加到一定的程度，达到一定睡眠压力的时候，系统让你睡觉，在睡眠过程中这样累积的压力就会得到释放，然后开始第二个压力的累积。这个动作是一个概念性的形容，它能够帮助我们更好地理解睡眠。

最后是睡眠与寿命的关系。吉罗·麦森伯克表示，此前已有研究显示，降低氧化还原反应的压力，果蝇会有睡眠障碍，寿命也会缩短，"如果我们的假设是正确的话，就可以预测到通过控制在源头的氧化还原反应，改善昼夜节律"。

神经元的自噬机制将给治疗神经退行性疾病带来灵感

　　大隅良典教授对酵母自噬的基因研究取得了世界领先的成果，酵母自噬是一种为了适应营养环境和其他因素而降解蛋白质的细胞过程。大隅良典为阐明自噬的分子机制及其生理意义做出了开创性的贡献。其相关研究结果，对于理解和治疗包括癌症、帕金森病和2型糖尿病等在内的自噬系统被破坏的相关疾病，具有重要意义。

　　大隅良典曾经活跃于多个研究领域，但从1988年建立了自己的实验室之后，他就专注于蛋白质在液泡中降解过程的研究。"其实，对自噬的研究是从1988年开始的，那个时候一年只有20篇有关自噬的论文。"大隅良典解释道。当时他面临一个重大挑战：酵母细胞很小，在显微镜下不容易看清它的内部结构，因此起初大隅良典都无法确定自噬现象是否也会发生在酵母细胞中。

　　"如果能在自噬行为发生的时候，阻断液泡中蛋白质分解的过程，那么自噬体将在液泡中累积，从而在显微镜下可见。"大隅良典推论。因此，他培育出因突变而缺乏液泡降解酶的酵母细胞，并通过使细胞饥饿激发自噬。实验结果显示：几小时内，液泡中就充满了细小的、未被降解的囊泡，这些囊泡就是自噬体。"在1988年，我对酵母的液泡溶解功能非常感兴趣，因为液泡当中有各种各样的水解酶，所以我觉得液泡可能和哺乳动物身体当中的溶酶体非常相似。"大隅良典说。

　　大隅良典在利用他改造过的酵母菌株时发现，这些酵母在饥饿时，它们的自噬体会累积。如果对自噬过程重要的基因失活，那么自噬体理应不会累积。大隅良典将酵母细胞暴露在一种能随机在多个基因里引起突变的药物中，然后诱导自噬过程，实验最终成功了。

现在我们知道，细胞自噬控制着许多重要的生理功能，还涉及细胞器的降解和回收利用。细胞自噬能快速提供养料供应能量，或者提供材料来更新细胞器。因此，在细胞面对饥饿和其他种类的应激状态时，它发挥着不可或缺的作用。在遭受感染之后，细胞自噬能消灭入侵的细胞内细菌或病毒。自噬对胚胎发育和细胞分化也有贡献。细胞能利用自噬来消灭受损的蛋白质和细胞器，这个过程对于抵抗衰老带来的负面影响有极其重要的意义。

有没有方法可以激活神经元，缓解神经退行性疾病？"几乎所有细胞都有自噬行为，但神经元当中的自噬行为非常特殊。"大隅良典表示，"细胞自噬对于神经元反而更加重要，这样就可以保证神经元的细胞质清洁。"

那可否在特定的模型（比如神经退行性疾病模型）中增加或减少细胞自噬，由此判断疾病的缓解或加重？大隅良典认为，这是很好的解决之道，但在细胞自噬的过程中需要哪个蛋白质降解，这一点迄今在化学领域的研究还很匮乏。"或许先去研究一些特定神经元的自噬机制，再去看看细胞中的自噬调节机制，将能给治疗神经退行性疾病带来灵感。"

地球上有三种智能形态，分别是生物智能、人类智能和机器智能

随着理论计算方法及高性能计算的快速发展，计算已成为继实验和理论之后开展科学研究的第三大重要支柱，计算模拟的重要性可以与实验和理论相媲美，高性能计算为科学发现提供了实验和理论之外的第三条道路。作为计算生物学领域的先驱，莱维特将牛顿经典物理学与现代量子物理学相结合，从而开拓了崭新的研究领域。他在发展多尺度计算方法、开展复杂化学和生物体系模拟、探究生物大分子结构等方面成就卓著。此外，莱维特还先后担任包括共晶制药等多家公司的科学顾问委员会的顾问。

"我所讲的内容，人工智能和机器学习，可能在其他一些会场也有人讲到过，这是一个非常好的话题。"莱维特表示。但是让他感到担心的是，机器学习是曲线拟合，包括构建维度的先进形式，也就是数据训练机器。当然对计算机科学家来说，他们喜欢发明出一些新的词，变成了听起来更高级的描述，包括相关的神经网络，它背后的实质其实还是之前研究的一些课题。"我希望从不同的角度进行审视，我们观察到地球上有三种智能形态，分别是生物智能、人类智能和机器智能。对于这三种智能形态，到目前为止，最高级别的只能是生物智能。"

莱维特表示，我们应该在生物智能的学习当中有所收获。生物智能，主要是指我们的生物界当中的智能，当然我们人类也有很多自己的智慧。

"我看到，在上海有很多高楼大厦，这也是我们人类智慧的一种体现。"
莱维特说。到目前为止，人类的整个智能化，带动了机器智能的进一步发
展。我们可以看到在这个结构中，首先是通过DNA中的信息构成体内的结
构来进行处理，然后才能实现一些功能，这是一个生物学习的过程。"当
然，我们也可以看到整个生物的进化，其实也是一个生物学习的过程，因
为它并不是随机进行的。生物体系和生物学习，是整个生物界中比较基本
的但又比较重要的流程。"

从本质上来说，有关人类的智慧，最基本的是生物智能，然后是人类
的智能，同时我们也借助了机器智能，这三者结合起来可以更好地解决地
球上存在的一些问题。莱维特表示："我们希望三者结合，解决气候变暖的
问题、贫困的问题、疾病问题等。我们希望通过人类的机器智能处理，能
够对我们的基因进行调整，能够让我们的生态体系得到改善。"

中国的脑研究计划具有一体两翼的结构

脑科学是21世纪最富挑战性的学科，也是当前国际科学前沿的热点领域，被视为未来新的经济增长点和引领新科技革命的潜在引擎。脑科学研究已经成为世界各国科学研究的重要领域。鉴于脑科学在整个自然科学领域中的前沿地位和重要性，以及经济、社会发展对该学科的重大需求，美国、日本、欧盟等国家和地区相继推出了各自的脑科学研究计划。在了解人脑的结构和功能的共识下，各国的"脑计划"有所不同。为了塑造国际竞争新格局，中国也在脑科学研究方面做出了相应的战略部署。

中国的脑研究计划具有一体两翼的结构，其主体结构是前面介绍的脑认知功能的神经基础，也就是网络基础。我们必须知道它的图谱结构，弄清楚联接图谱、结构图谱。我们可以在此基础上，搭建各种平台，帮助解析上述图谱的功能。两翼结构中的一翼要做脑病的诊断与治疗，形成各种新型的医疗产业；另外一翼是类脑人工智能、类脑计算、脑机接口等与人工智能相关的新技术，该领域对未来的人工智能产业具有重大影响。

中国有900万阿尔茨海默病患者、200万帕金森病患者、3 000万抑郁症患者、900万癫痫症患者……初步统计数据显示：中国人口中，约有五分之一患有精神疾病或神经衰退性疾病。自闭症、智力低下等发育障碍型疾病，阿尔茨海默病、帕金森病等神经衰退型疾病，抑郁症、成瘾症等神经精神型疾病的干预诊治，均被列入中国脑科学计划的"两翼"之中。蒲慕明表示，我们现在非常急迫地需要治疗这些疾病，更需要彻底了解大脑疾病的发生机制。

开发早期诊断工具、分析人脑认知功能标记，将有助于了解疾病成因。在明晰成因后，我们可通过药理、生理、物理条件进行早期干预，最终让病人及其家庭从中看到治疗的曙光。脑疾病的早期诊断，受益于在分子、细胞、神经回路层面上解开疾病病理的生理学研究。

蒲慕明介绍："我们希望可以做成图谱，确定神经联接的网络，了解神经元与特定脑功能之间的关联。"这大致可分为三个步骤：第一，通过分子与细胞分析，确定大脑组成部分；第二，了解特定分子与细胞如何形成大脑突触；第三，明确神经回路的"活动路线图"，最终搞清楚脑功能认知与动物行为是如何形成的。

此外，中国脑科学计划的另一个主要应用是，开发新一代脑机接口与融合装置、开发电磁与超声神经技术、开发类脑神经网络模型以及机器学习算法与计算方法，最终开发类脑神经形态芯片处理器、存储设备和机器人。

蒲慕明希望能有一个由中国科学家主导的国际大科学计划，做全脑介观层面上的神经联接图谱。通过这一计划，人类能够研究动物，特别是模型动物（包括小鼠、猕猴等跟人相近的动物）的大脑图谱。

蒲慕明介绍，全脑尺度上解析结构和功能神经联接图谱，是揭示脑工作原理的关键，也是全面理解认知功能神经基础的必由之路。全脑介观神经联接图谱，介于"宏观"和"微观"之间，既能反映全脑情况，又能反映神经元精细结构甚至神经联接情况，被喻为"既见森林又见树木甚或见树叶"的研究。

按研究计划，中美双方合作完成有10万个神经元的斑马鱼全脑介观图谱的绘制。斑马鱼全脑介观图谱，将确定上百种神经元细胞的输入和输出联接及其活动，以及对每个类型细胞活动的追踪。小鼠全脑介观图谱，将在接下来10年完成研究。对与人类最为相近的猕猴的全脑进行的研究，需要在全球合作基础上开展，预计需要10~15年的时间来了解其全脑各种回路及网络。

如果要永生，就必须做脑移植

人类想不想永生呢？如果要永生，从脑科学来看，就必须做脑移植。

华中师范大学副教授王欣说，因为人出生后，脑细胞的数目就基本固定，而且每年还会以1‰的比例死亡。如果人活到1 000岁，脑细胞就没有了。要想不死的话，人就要做脑移植、换脑，比如分期、分批地移植神经干细胞。

换脑以后，自己还是自己吗？如果把你的脑一下子换掉，你当然就不再是自己了。如果是分期、分批地换，脑细胞不断和你本人的意识接轨，储存你的记忆，那么你可能还是你自己。但是，从我个人来说，我并不想看到这样一个场景。因为我觉得任何事情到了极致，很可能就是终点。

"大家如果喜欢看科幻电影就会发现一个特点——绝大多数的科幻电影描绘的都是一个充满灾难的未来，比如《生化危机》《雪国列车》。"王欣说，"科学真的会使未来变得更好吗？"

科学就是一个工具，如果我们合理地使用它，当然可以造福人类。但是，如果我们滥用它，用在一些危险的领域，也可能会造成灾难。因此，我们应该热爱科学，但不要迷信科学，认为科学一定是万能的。否则，整个自然规律就被打破了，可能会出现很多意想不到的局面。

肠道菌群失衡与自闭症、抑郁症、帕金森病、阿尔茨海默病等神经系统疾病有密切联系

中国国家药品监督管理局于2019年11月2日9时5分批准了甘露特钠胶囊（商品名：九期一，代号：GV-971）上市注册申请。它用于轻度至中度阿尔茨海默病，能够改善患者认知功能。这款中国原创、国际首个靶向脑-肠轴的阿尔茨海默病治疗新药，也是全球首个糖类多靶抗阿尔茨海默病创新药物，通过优先审评审批程序在中国内地的上市系全球首次上市，从而终结了这一领域17年无新药上市的历史。

2018年10月25日，在巴塞罗那举行的第11届国际阿尔茨海默病临床试验大会上，GV-971的第一发明人、中国科学院上海药物研究所耿美玉研究员，代表上海绿谷制药有限公司及其科研团队和全国34家从事GV-971临床三期的临床医院研究者做了主旨发言，首次在全球披露GV-971临床三期数据，现场反响热烈，获得了与会顶尖国际专家的高度认可。

从GV-971的发现到临床三期试验成功完成至今，历时22年。在此期间，整个研发团队开展了艰苦卓绝的工作。业界普遍关心的一个核心问题是，GV-971的作用机理究竟是什么？

阿尔茨海默病是一种神经退行性脑部疾病。1906年，爱罗斯·阿尔茨海默（Alois Alzheimer）博士利用脑切片染色法发现有特定症状的患者脑内神经纤维缠结，伴有神经元细胞退化，并且大脑皮层出现很多斑块，于是将这种神经系统疾病命名为"阿尔茨海默病"。

随着现代医学的发展，人们发现AD特征性病理变化：大脑β-淀粉样蛋白沉积形成老年斑，Tau蛋白过度磷酸化造成神经纤维缠结以及神经元丢失，并伴随胶质细胞增生。然而，AD的发病机理以及治疗方法，依然是世界级难题。

据《2018年世界阿尔茨海默病报告》，2018年全球有近5 000万AD患者，到2050年预计将增加至1.52亿人，是极重的医疗负担。目前，美国食品药品监督管理局（FDA）批准的六种AD治疗药物（卡巴拉汀、加兰他敏、多奈哌齐、美金刚、美金刚联合多奈哌齐和他克林）均为症状改善药物，这些药物既不能减轻AD的病理变化，也不能延缓疾病的病程进展。

中国科学院上海药物研究所耿美玉课题组联合上海绿谷制药有限公司等研究团队的研究发现，在AD的进程中，肠道菌群失衡导致外周血中苯丙氨酸和异亮氨酸的异常增加，进而诱导外周促炎性Th1细胞的分化和增殖，并促进其脑内浸润。浸润入脑的Th1细胞和脑内固有的M1型小胶质细胞共同活化，导致AD相关神经炎症的发生。同时，该团队发现新型AD治疗药物GV-971可以通过重塑肠道菌群平衡、降低外周相关代谢产物苯丙氨酸和异亮氨酸的累积，减轻脑内神经炎症，进而改善认知障碍，达到治疗AD的效果。

近年来，人们对胃肠道菌群的认知逐渐加深。大量研究表明，胃肠道菌群与代谢性疾病（肥胖、糖尿病、非酒精性脂肪肝等）、脑血管疾病、神经系统疾病、肿瘤等有着密切关系。目前的研究证实，肠道菌群失衡与自闭症、抑郁症、帕金森病、阿尔茨海默病等神经系统疾病有密切联系。

中国科学家团队首先确认了，在AD进程中，肠道菌群的改变与脑内浸润的免疫细胞具有相关性。小鼠实验的结果表明，随着AD的进展，小鼠肠道菌群的组成结构发生了明显改变；在AD进程中，肠道菌群的改变可以驱动脑内外周免疫细胞浸润以及神经炎症反应。

与此同时，实验验证了该团队研发的治疗AD的寡糖类原创新药GV-971对AD转基因小鼠认知功能障碍的改善作用。利用Morris水迷宫和Y迷宫实验证实，AD模型小鼠接受GV-971治疗三个月后，其认知功能障碍有明显改善。同时，在2018年结束的为期36周的多中心、随机、双盲、治疗轻中度

AD患者的临床三期试验中，GV-971能够明显改善轻中度AD患者的认知功能障碍。

那么，GV-971的作用机制是什么呢？小鼠实验结果表明，GV-971可以通过调节肠道菌群改善AD小鼠神经炎症和认知功能障碍。

许多研究表明，肠道菌群可以通过代谢产物影响宿主的免疫系统。那么，在AD的进程中，肠道菌群是否可以通过代谢产物调节大脑神经炎症呢？研究团队发现这些代谢物主要集中在一些氨基酸相关代谢通路，特别是苯丙氨酸等相关通路。验证实验结果发现，轻度认知障碍AD患者苯丙氨酸水平和Th1细胞含量比例较健康人均明显升高，这表明该研究工作具有潜在的临床转化价值。

由此可见，在阿尔茨海默病的发展进程中，伴随β-淀粉样蛋白沉积以及Tau蛋白磷酸化，肠道菌群的组成发生变化，继而导致代谢产物异常，异常的代谢产物刺激外周免疫炎症，促使炎性免疫细胞Th1向大脑浸润，引起脑内M1型小胶质细胞的活化，导致AD相关神经炎症的发生，最终导致认知功能障碍。口服GV-971能够重塑肠道菌群，降低异常代谢产物，阻止外周炎性免疫细胞向大脑浸润，抑制神经炎症，同时减少β-淀粉样蛋白沉积和Tau蛋白磷酸化，从而改善认知障碍，达到治疗AD的目的。

第7章

破译地球上所有真核生物的基因组，就像人类第一次登月一样

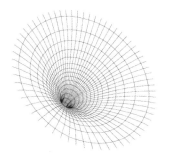

马亚宁　编撰

2012年拉斯克基础医学研究奖得主罗纳德·韦尔：

"物理学家总是讲到宇宙的暗物质，在生物学家的眼里同样有一种'暗物质'——细胞中的暗物质，这是目前生命科学中，需要解决的重大的问题。"

2017年诺贝尔生理学或医学奖得主迈克尔·杨：

"拥有这个基因的人，就像处在一个比正常人慢两个半小时的时区中一样。"

2004年诺贝尔化学奖得主阿龙·切哈诺沃：

"治疗之前先制作一个准确的'患者画像'，治疗过程中持续追踪患者，并按照不同治疗节点持续画像。通过先后对比，可以看到'疾病之源'是否得到控制。"

2012年诺贝尔生理学或医学奖得主约翰·戈登：

"基因的表达是生命的一种特征，细胞的区分度实际上是非常稳定的。如果这种稳定状态被打破，就会出现健康问题，比如癌症。因此，我们需要保持细胞的稳定状态。"

2011年沃尔夫农业奖得主哈里斯·李文：

"我们希望各国科学家联合起来，用下一个10年给150万种真核生物进行基因测序，共同探索。"

　　也许，不少人遭遇过类似的养生尴尬：健康专家说的营养餐，用到自己身上，效果难料。因为科学家的观点是，每个人与生俱来有一套只属于自己的全基因图谱。如果戴上"纳米级"放大镜，我们就能看到人体内有个有趣的现象：30亿个碱基对，只是腺嘌呤（A）、胞嘧啶（C）、鸟嘌呤（G）、胸腺嘧啶（T）的循环往复。正是四种碱基排列组合的顺序不同，造就了包括人在内的每一个生物的差别。哪怕是一个碱基排序不同，都可能是高矮胖瘦各不相同；一些碱基序列的缺失或者变异，成为很多疾病的根源之一。全基因组测序，就是通读每人一本的30亿个碱基对的"基因天书"。

38亿美元，6个国家，花费13年，成千上万名 科学家合作，才得以破解第一张人类全基因组图谱

多快好省地通读"基因天书"，人手一本自己的"生命百科全书"，是各国科学家们10多年来孜孜以求的目标。2000年6月22日，多国科学家通力合作，耗费10多年将人类基因组计划草图绘制完毕，宣布人类进入"基因时代"。"基因时代"需要更加先进、更加快速、更高通量的基因测序技术，因此，基于大规模平行测序思想的第二代基因测序技术（NGS）应运而生。2013年，美国illumina（因美纳）公司的MiseqDx平台通过FDA审批，推动高通量基因测序技术从纯科学研究平台进入临床诊断领域，从而大大降低了基因测序成本。到了2014年，illumina公司的Hiseq X平台实现了1 000美元完成一个人类基因组测序的目标。

38亿美元，6个国家，花费13年，成千上万名科学家联手共筑"人类基因组计划"，才得以破解第一张人类全基因组图谱，如今只需要花费不到1 000美元，在几天时间内即可"读完"。中国深圳华大基因还在不断探索一天能测100人全基因组的"中国造"全自动化基因仪器设备，争取未来将全基因组检测降到3 000元人民币以内。随着检测成本一降再降，每个人都拥有一本自己体内2万多个DNA、30亿个碱基对的"基因天书"，似乎真的不再遥远。

基因检测技术越来越快，成本越来越低，原本天文数字般昂贵的全基因检测，也正在走向普通人。在世界范围内，每一个新生儿从出生那一天

就能知道自己的基因是什么样的。全球领先的生物技术公司纷纷宣布，个人的全基因组检测已经降到1 000美元以内。未来3～5年，还将继续降到3 000元人民币以内。如今，生物科学家又站在新的十字路口：即使能够认出这本"天书"里的每一个"字"，但每个字、每句话连在一起的"生命之语"，还无法彻底读懂。目前，科学家们读懂的那一部分，主要集中在肿瘤风险、遗传病和个体用药指导等的基因检测。

在这本"基因天书"中，人们能读懂的基因有2 000多个，这与8 000多个基因的总量还有一段距离。已知基因之间的相互关系，以及已知基因和未知基因之间勾连出的人体疾病表征与健康趋势，也尚未彻底摸清。因此，在许多生物学家眼里，现阶段全基因组检测的主要用途，不是给病人对症诊断。目前距全基因组检测对普通百姓的直接应用还有距离，但对科学研发的全基因组大数据积累很有价值和意义。

科学家目前不知道40%人类基因的分子功能，不知道30%人类基因的生物功能

物理学家常常提到宇宙的暗物质，在生物学家眼里同样有一种"暗物质"——细胞中的暗物质。这是目前的生命科学需要解决的重大问题。20世纪可以被称作基因的世纪，而它的影响在21世纪初才逐步显现。

1866年，现代遗传学的奠基人孟德尔提出了遗传因子基因学说，并对遗传因子的基本性质做了最早的论述。他通过豌豆杂交实验，发现黄豌豆植株与绿豌豆植株杂交，子代都是黄豌豆。黄色对绿色来说是显性，因而当子代自花授粉时，子代豌豆有黄有绿。孟德尔根据实验结果认为，遗传性状是由成对的遗传因子决定的。在生殖细胞形成时，成对的遗传因子分开，分别进入两个生殖细胞中。这被后人称为孟德尔第一定律或分离律（Law of Segregation）。孟德尔还认为，在生殖细胞形成时，不同对的遗传因子可以自由组合，即孟德尔第二定律或自由组合律（Law of Assortment）。这两个定律是孟德尔遗传因子学说的中心内容。

孟德尔在19世纪中叶的重要发现，定义了基因和遗传学。孟德尔和他的学生发现，遗传因子就在染色体上。之后，科学家发现，根据一个基因就能解读一个蛋白质，这就是生物学中"一个基因一种酶"的假设。后来，科学家逐步意识到基因和DNA是整个遗传学中最重要的中心，它是解读生命密码的关键。"但是，我们了解到的基因种类是非常少的，大部分的基因组实际上都没有被探索到。到底基因组里面有些什么东西？细胞

里面的蛋白质都是什么？"2012年拉斯克基础医学研究奖得主罗纳德·韦尔说。

在职业生涯的早期，罗纳德·韦尔的主要成果是发现了一些新的蛋白质。"举个例子，当时我还是一个研究生的时候，发现了一种叫作Kinesin的蛋白质，这种蛋白质是一种驱动蛋白质，可以移动微生物质的蛋白质。"后来，另外一位教授发现了可以破坏这些微生物质的蛋白质，被叫作切断蛋白质。然后，就到了基因组排序的时代。"我们最开始绘制了酵母和昆虫的基因组图谱，发现酵母有6 000个基因。"

那个时候，科学家认为酵母已经有6 000个基因了，人肯定有更多基因，因为人比它复杂得多。后来的发现众所周知，人类是非常特别的。一开始，科学家猜测人应该有10万个左右的基因，结果人身上的基因数量跟毛毛虫差不多。随着各种生物基因组测序的完成，地球上各种生物的"基因地图"也逐步清晰。甚至，我们在手机上查询某个生物的"基因地图"也不再是天方夜谭了。"接下来的问题就是面对很多基因，我们只知道它们是解码蛋白质的，却不知它们的功能是什么。"

于是，研究人员从微生物身上提取细菌的基因组，希望提取到能够组成生物的最少基因。最终，他们找出了473个基因，这473个基因应该算是最小的生物组。即便这样少的基因组，也有149个科学家完全不知道其功能的基因。目前科学视野里还没有足够的知识储备，能够从原则上了解这些基因组里的基因功能。类似的情景，在人身上和其他复杂生物的基因组里，就更加明显了。到底2万个人类基因都是做什么的？基因组排序背后隐藏了怎样的生命秘密呢？据估测，目前，对于人类基因，科学家不知道其中40%基因的分子功能，不知道30%基因的生物功能。

如今，各国的生物科学家都在实验室里努力寻找基因功能的蛛丝马迹。"10年前，我们找到一种基因，通过基因筛查，为它匹配上了相应的生物功能和结构功能。在更多时候，研究者在基因的浩瀚汪洋中搜寻的基因片段，不仅没有被命名，也没人知道它的功能。"近期，罗纳德·韦尔的实验室又有了一些新发现：一些蛋白质会在内细胞膜和外细胞膜之间延展，可以从内到外进行细胞膜之间钙的传输。其中，有一类蛋白质被命名为Cas9，它们是基因组编辑背后无名的英雄。多数人之前不知道这类蛋白质的名字，它们也没有被注释，大家只知道它们显现出的功能。不过，即使对它们进行基因组测序，人们仍然无法了解其背后的机制。"我期待未来纳米技术在医学领域的广泛应用，也许会让这类'无名英雄'的背后机制浮出水面。"

拥有这个基因的人，就像处在一个比正常人
慢两个半小时的时区中一样

万籁俱静，大部分人都睡着的时候，你还在刷着微博和朋友圈，精神很好，难以入睡。一旦睡着，你又要睡够七八小时才能醒。那么你可能得了"睡眠相位后移综合征"（Delayed Sleep-Phase Syndrome / Disorder，DSPS或DSPD）。睡眠相位后移综合征是一种慢性睡眠紊乱，患者一般都会晚睡晚起，生活节奏受到严重影响。在临床诊断中，部分患者要等到天亮才能入睡，一旦睡着，睡眠时间却跟正常人相似，而且睡眠质量大多正常。有DSPS的人一般被称为"猫头鹰"，不过对他们来说，这样的作息时间并不是他们自己选择的。他们一般也没有能力把睡眠相位提前，比如强迫自己在正常的时间睡觉和起床。2017年诺贝尔生理学或医学奖得主迈克尔·杨的主要研究领域，就是寻找和睡眠相位后移综合征相关的基因，希望通过基因研究找到治疗这种疾病的方法。

过去，关于DSPS的研究也有很多，但是好像都走错了路，基因研究给出了新的方向。"在美国，这是一种常见病，约有5%的人口有DSPS，我们从研究角度希望找到遗传基因在其中的作用并了解背后的机理。因为很多人希望把他的睡眠相位往前提，但是遇到了很大的阻力。"研究者设定了一个48小时的跟踪记录，看到患有DSPS的人群在入夜之后依然有很多活动，睡眠明显是推迟的。他们中很多人从来都不会在午夜之前入睡，还有一些人到凌晨才会入睡，他们的睡眠时间比正常时间要推迟很多。

迈克尔·杨在康奈尔医学院的同事们研究了一个DSPS患者和他所在家族的基因，找到了Cry1。"我们研究了整个家族当中的很多成员，只有一个没有受影响，其他所有的成员似乎都有这种睡眠问题，就是我们说的睡眠相位会往后推移。我们对他们做了染色体的基因排列，其中有一条十分特别的基因就是Cry1。"这个基因对研究者来说，十分熟悉。因为它有点像人们所说的"分子生物钟"。通过扫描普通人脑部细胞，察看细胞中相应的蛋白质和RNA，然后再扫描蛋白质内部，去观察DSPS患者脑部的细胞，以及其细胞里相应的RNA和蛋白质。"所有的对照组，他们只有一个蛋白质种类；患病组则有两个蛋白质种类，其中一个就有Cry1基因。"

研究者希望找到相应基因对DSPS患者的影响，也就是这种基因是如何影响人们所谓的"分子生物钟"。通过对比有Cry1基因和没有Cry1基因的情形，研究者看到，这种类型的蛋白质或者说基因，大概会比正常的同类"行动迟缓"——比正常基因的运转时间要晚1.5小时，所以影响到生物体现钟。这实际上最终在生物钟上体现的延迟时间，差不多是一个相位或者说是2小时。也就是说，拥有这个基因的人，就像处在一个比正常人慢两个半小时的时区中一样。

那么，人类的睡眠生物钟到底是怎么运转的呢？迈克尔·杨通过一张简单的图例解释说，Cry1与一种叫作CK1的基因互为竞争关系。两种不同的基因处在不同的染色体上，有各自的RNA转录过程。CK1可以生成定时蛋白质，而Cry1则会导致定时蛋白质自我摧毁。之后，定时蛋白质开始变得稳定。它不再处于细胞核外，而是进入细胞核内，它会和生物钟进行更多互动，最终会产生日和夜之间的区别。

"Cry1的存在其实是预测了DSPS这种疾病。在人体细胞当中，Cry1的表达导致自身生物钟和其他人的相反性。这是一种基因突变，一种蛋白质的突变，是遗传造成的。"迈克尔·杨说，这个研究也让我们开始去关注每个人的昼夜节奏，每个人的生命时钟是怎么样的。先从小鼠身上，之后是在人体上，研究相关基因。这些研究可以帮助我们解决人类正在面临的医学难题。"当然，即使是在果蝇上做的相关基因研究，也可以对人体生物学的核心要义，有很大的启示意义。"

将人均预期寿命从30岁提高至50岁，人类整整用了 4 000年的漫长时光

20世纪初期，人类的人均预期寿命是非常低的，只有50岁。那时没有疫苗，没有抗生素，只要得上一场传染病，人就可能死去。在100年后的今天，人类的寿命已经可以超过85岁了，特别是在发达国家，这个数字已经成为人均预期寿命。现代人类很难想象，4 000年前居住在地球上的人类，不管他们是在欧洲、北非或者亚洲，人均预期寿命只有30岁。将人均预期寿命从30岁延至50岁，人类整整用了4 000年的漫长时光。近100年来，一些国家人口的人均预期寿命却突飞猛进增加了35岁。这一巨大成就得益于生物学、疫苗学、清洁水源等诸多科学技术的同步发展。其中，对药物理解的巨大进步起到的作用显得尤为突出。

面对让人不可思议的人均预期寿命猛增，人们也略有担忧："陡升"的趋势会继续吗？速度会怎么样？随着人均预期寿命的不断增长，各种慢性病、老年病如神经退行性疾病、心血管疾病等，发病率增长的趋势也同样明显。这些疾病都与年龄有关。生物系统在年轻的时候比较容易"自控"，年龄增长让身体状态逐步开始"失控"，各种疾病纷至沓来。因此，人类期盼对创新药物的设计和理解出现新拐点。

2004年诺贝尔化学奖得主阿龙·切哈诺沃认为，"工程"是未来医学的关键词之一，包括人造器官再造、组织工程等。当然，干细胞治疗一直令人期待，截至目前，其进步还依然有限；基因工程现在对一些肌

171

肉疾病已经开始有疗效了。对医药行业来说，研究人员面对的主要问题是针对一群人，采用统一的黄金治疗方法，但是结果无法预测。例如，接受治疗的癌症患者往往分为两类：一类的疾病可以被治疗；另外一类是同样一种疾病成为慢性疾病，最后不断恶化，导致患者死亡。"我们十分需要能精准预测疾病发展和疗效的工具，让医生知道患者的命运是什么。"

基因技术的发展给了医药创新溯源探幽的新视野。从基因的角度来看，人类的基因是非常多元化的，没有一个人的基因和另外一个人是完全一样的。就算是双胞胎，他们的基因也有差异。在基因技术的引领下，医学发展正在进入个体化医药时代。以DNA排序为起点和基础，未来是可以给每一位患者进行"基因画像"的。也就是说，治疗之前先制作一个精准的"患者画像"，治疗过程中持续追踪患者并按照不同治疗节点持续画像。通过先后对比，可以看到"疾病之源"是否得到控制。

"按照这一理念，我们会评估每个患者，监控每个患者，并且根据他的病理和机理，制订个性化的'基因画像'计划。"阿龙·切哈诺沃说，在这个过程中，医生也许能够更精准地预测患者的生命趋势，甚至还能发现起于"青蘋之末"的疾病。基因技术让我们对疾病的了解越来越多，推出的药物自然也越来越多，新疗法也会越来越多。"未来，医生作用会发生巨大变化。比如，以前医生会对患者说，我是专家，你应该信任我；未来医生和患者都会参与诊断和治疗，相互配合，这样医生才能够更好地判断患者的情况，对疾病进行精细化分层。"

目前，研究人员正在针对人类的雌激素受体开发和设计治疗乳腺癌的新药。新药最终是否有效，取决于患者的具体身体状况。有的人身上具有这种蛋白质受体，新药就发生效用；如果某位乳腺癌患者没有该受体，新药物就对她无效。据此，分子医药的发展自然也要求建立各种数据库，例如乳腺癌数据库、肝癌数据库、肺癌数据库等。"目前，技术问题不难解决。瓶颈还是在于人类对疾病和基因的了解。大部分人类疾病都是多基因性的，很难分辨哪一种基因起决定性作用。以癌症为例，最困扰科学家的就是其不稳定性。"科学家们刚刚从基因的角度破译了一种癌症，很快这个基因的变异又在来的路上了。制药公司一直在苦苦追踪基因靶点和基因变异，根据疾病机理开发不同的肿瘤药物。"由于企业承受着巨大的研发成本和盈利压力，靶向基因药物的价格也只会越来越昂贵。"

对于基因疗法的道德争议，阿龙·切哈诺沃也在深深思考着：比如，通过唾液就可以测试得到的DNA数据，信息是不是能够保密，进入基因数据库后是不是可以让别人使用，等等。"这都需要提前做好准备，否则未来很有可能会出现严重的基因组信息泄露。"未来，有关基因检测的伦理道德将经受更大的考验。一位60岁的老人，因为胸疼去了医院。在以往，胸科医生可能会做简单的检查，判断患者是不是心脏病发作。如果情况危急，会马上将患者进入重症监护室（ICU）；如果问题不大，会建议患者随访。现在，情形完全不同了，医生通过"一滴血"给基因测序，就知道这个患者到底出了什么问题：有可能是胆固醇出现了一些基因变异，或者可能是脑神经出现退行性病变，比如说阿尔茨海默病。不过，如果医生拿到患者的"基因画像"后，很遗憾地发现没有药物可以治疗，接下来该怎么办呢？患者知道病因，却无药可救，需要告诉自己的家人、老板或者保险公司吗？

"这是我自己假想的一个很简单的情况。但是，随着基因信息越来越多、越来越普及，面临的伦理问题也会越来越多。这不仅仅是一个生物科学的问题，也涵盖社会经济问题。"阿龙·切哈诺沃说，就像美国明星安吉丽娜·朱莉，人人都知道她的故事。几年前，她向世界公布做了乳腺切除手术，一年之后，又做手术把自己的卵巢也摘除了，因为她有BICAE基因，很有可能得乳腺癌。很幸运，这两个器官是可以摘除的，摘除后她身体内乳腺癌的"定时炸弹"被解除了。"但是她没有解决的问题是，她的孩子和她的保险公司。我肯定她事先没有跟她的保险公司讲这个事情，所以作为科学家比如生理学家要面对的，不仅要关注实验室内部的事情，也要关注整个社会和环境。因为，最终我们都是人。"

为什么我们的生命之路经常会出岔子？

人们在报纸上总能看到类似的新闻：比如，最近印度南部有一位99岁的女士，还在非常活跃地给年轻学生教瑜伽。这真令人兴奋，如果每个人在老年时期仍然可以健康地享受生活，那真是太棒了。可是，为什么我们的生命之路经常会出岔子？

人体大多数细胞，形成过程短暂，但是功能影响绵长。在人类出生的第一年里，大部分细胞就形成了，它们会随着我们的生命周期而持续地起作用。这些早期形成的细胞，它们会牢牢记住自己的功能，直到你活到100多岁，细胞功能没有任何变化。"细胞的差异化和基因表达是非常稳定的，一旦细胞再分裂，实现具体的功能之后，它的功能就不会再发生改变。"那么，为什么在我们生命的整个过程中，细胞的功能都不会发生改变呢？

很多年前，瑞士学者哈同教授曾做过一项胚胎细胞研究：将一种昆虫的胚胎细胞提取出来，移植到年轻的幼虫身上。这些年轻的幼虫，依然可以成年，但是长出来的样子与普通的成年昆虫不太一样。

在2012年诺贝尔生理学或医学奖得主约翰·戈登看来，这个实验十分有意义。"我们是不是可以重复这个过程25次，在形成了100次的细胞分裂后，新长出来的成年细胞会是什么样子，它们会变成成年昆虫的触角、腿，还是翅膀呢？"约翰·戈登说，最终这个实验得出结论，胚胎细胞似乎是在100次细胞分裂之后，仍然记得它最初细胞产生时的原始功能，它的命运十分稳定。

于是，我们尝试理解为什么细胞能够保持稳定。约翰·戈登的主要研究方向就是给成熟细胞进行重新编程，让它们回到初生状态。这一点对于细胞置换相关的应用具有重大意义。在一系列实验中，研究人员尝试着从蝌蚪肠道中分离细胞，将其中的细胞核移植到未受精的去掉细胞核的蝌蚪卵细胞中，或者从皮肤当中把细胞分离出来，把皮肤细胞的细胞核植入未受精的去掉细胞核的卵细胞中。最后，它们都长成了完全正常的成年蟾蜍。几年后，研究人员又在小鼠身上做了相似的实验，依然可以通过移植进行小鼠克隆。"不过，其中有个重点信息就是，在成年动物当中，比如说从皮肤细胞中提取的细胞核，98%最后不会发生任何的变化；如果是胚胎细胞的细胞核，它的存活率就非常高。"

2013年，一位女性科学家也做过一项类似研究：成年小鼠有一种细胞叫作卵丘细胞，将卵丘细胞的细胞核移植到未受精的去核卵细胞当中，重复了25次，发生500次细胞分裂后，细胞活性没有任何损失，没有出现任何变异，而且胚胎的状态始终是非常稳定的。"这项研究是非常了不起的，再次证明了细胞功能的稳定性。"这背后的机制，约翰·戈登认为和转录因子有关。由细胞产生的转录因子能够清楚地显示出细胞最后会生长成什么样，例如具有某种转录因子的细胞，最后就长成了肌肉细胞；另一些细胞，则长成了神经细胞。

那么，转录因子是如何控制我们不同功能的细胞的呢？约翰·戈登出示了几张实验图片，解释道："左边是ASC1，注入细胞浆当中；右边是卵细胞；中间的图是信使RNA，它会和蓝色的细胞核结合。细胞浆就成为它的结合位点，然后在有竞争的细胞浆当中，会有一个相互交换的过程。我们通过这个实验，希望确定DNA的结合时间，找到转录因子，从而能够决定最后这个细胞的命运。"同时，此实验也可以检测转录因子的功能，而不仅仅是它的常驻时间。

最终，研究者发现，转录因子在起作用的时候，能够保持比较长的时间，也就是转录因子的常驻时间。一个转录因子在受到DNA结合影响时，基本上会在结合位点保留两到三天的时间，而且会抗击任何的竞争。这种结合之所以需要这么长的时间，是因为它会减少诱导基因的表达。这需要保持细胞的稳定性，且需要比较长的时间。也就是说，蛋白质甲基化，导致了细胞功能的稳定性。

"基因的表达是生命的一种特征，细胞的区分度实际上是非常稳定的。如果这种稳定状态被打破，就会出现健康问题，比如癌症。因此，我们需要保持细胞的稳定状态。"约翰·戈登认为，细胞稳定状态会保持我们的健康。细胞基本上会有这种"记忆"，哪怕有细胞分裂，它依然会保持最初的功能。细胞强大的记忆力，是因为有相应的蛋白质甲基化，还有就是我们转录因子的影响。

"未来，我觉得比较有希望的研究方向，就是找到相应的分子，这个分子能够更好地稳定基因表达，决定细胞的命运，而且可以减少任何对基因或细胞的不良影响。也就是说，保持细胞的稳定性和基因表达的稳定性，这个是未来研究的重要方向。"

破译地球上所有真核生物的基因组，
就像人类第一次登月一样

　　就像不知道天上有多少颗星星一样，我们也不知道地球上到底有多少种真核生物。有人估计有1 200万～1 500万种真核生物，但科学家只了解总数的10%左右。通过基因组技术的发展，我们能否掌握和读懂剩下90%的真核生物的"金钥匙"，从而进一步了解它们呢？哈里斯·李文认为，地球生物基因组计划有可能会改善我们的世界，创造一个更加可持续的生态经济。

　　从2015年开始，一些科学家便一起合作开始探索这个问题。经过3年探讨之后，2011年沃尔夫农业奖得主哈里斯·李文和其他科学家共同推出了一份白皮书，详细描述了这个项目的挑战、目标及范围，以及最后想要取得什么样的结果。2018年，地球生物基因组项目顺利启动，其目标是破译地球上所有真核生物的基因组。哈里斯·李文表示，这个项目大概需要耗资47亿美元，Wellcome Sanger（维康桑格）研究所承诺在5年内投资超过5 000万欧元，最主要的目标是希望测序英国已知的6万个物种。他希望这个项目能够修正和重塑人类对于生物进化的理解，去探索和保护生物多样性，可应用于农业生产更多的粮食，还可应用于新药研发等。

　　自然界的真核生物有五大"王国"，物种总数量有1 200万～1 500万种。在人类约300年的生物学研究之路上，人类只知道10%的真核生物，只对0.3%的真核生物进行了基因组测序，大概是4 000种。随着基因组技术的突飞猛进，我们如何来对剩下超过99%的真核生物进行基因测序，并进一步了解它们呢？"我们希望各国科学家联合起来，用下一个10年给150万种真核生物进行基因测序，共同探索。"哈里斯·李文说，这将是非常大的挑战，就像人类第一次登月一样。我们的愿景不只是为了造福于医疗健康，还为了了解地球的生态系统，以及地球上生物的未来。

为此，科学家们计划分三个阶段的路线图：第一阶段就是要对有代表性的物种进行基因测序，有9 000多种代表生物；第二阶段是对2 000多种其他的物种进行基因测序；第三阶段是要实现对150万种真核生物进行基因测序。"我们会收集样本，进行基因测序分析、标注，来达成事先设定的科学研究的目标；我们也会做一个预算，大概想一下这个项目会花多少钱。"哈里斯·李文说，这种大科学计划看起来会需要很多经费。如果全球一起合作，有良好的合作机制，其实并不会特别多。"我们预计这个10年计划大概会花费47亿美元，这包括了收集样本、基因测序、分类、分析，等等。"

20世纪90年代的人类基因组计划，当时大约耗费了30亿美元做基因测序，按照可比价格计算，这笔经费在2017年相当于145亿美元。现在，如果要对所有的真核生物进行基因测序，则比人类基因组计划的成本要低得多。根据美国Battelle（巴特尔）公司2013年所做的预测，地球生物基因组计划大概会有65倍的投资回报，这比人类基因组计划要高得多，"原因就是，这项计划能重塑我们对于生物进化的理解，去探索保护生物多样性，可应用于农业生产更多的粮食，还可应用于新药研发等"。

其实，我们今天80%以上的药物都是源于自然界，而不是源于人工合成。在已知的39万个物种中，只有200种是完全进行过基因测序的。比如，中国首位诺贝尔生理学或医学奖获奖者屠呦呦，她发现的青蒿素就是从植物中提取的。针对炎症、癌症以及慢性病的药物，有很多是从自然界提取的。

"在农业中，情况也一样。我们所用到的作物和动物物种非常少，我们需要了解主要的作物种类以及牲畜种类，否则我们未来会面临食物的短缺。更为紧迫的原因是，自然界的生物多样性正在消失，在过去40年当中，有52%的脊椎动物已经消失了。"哈里斯·李文说，科学界研究的8万个物种当中，大概有三分之一都濒临灭绝。这一数据在给人类预警，第6次生物大灭绝渐渐逼近。要知道，在过去5次生物大灭绝当中，我们已经损失了地球上95%的物种。"在第6次生物大灭绝来临之际，我们不知道人类会不会与过去灭绝的95%的物种经历同样的命运。"面对正在消失的物种，地球生物基因组计划有其重要意义。哈里斯·李文对计划颇有信心，他说："现在已经有了很好的科技，对工程界来说，无人机或者一些自动器械可以帮助我们收集、识别样本。"

目前，一个国际性的联合科研网络已经形成，它由29家机构组成，覆盖15个国家，共有24个附属项目来覆盖所有的真核生物，有超过100位首席科学家参与进来。"我们认为在未来几年，这应该会成为参与科学家人数最多的项目。"据介绍，在这个科学联合组织中，各个机构都有自己的代表，每一个附属项目都成为国际科学家协会的一部分。协同委员会最主要的工作就是制定标准。"如果没有这些标准，最终数据结果没有办法对比。"与此同时，所有参与方都承诺最终的成果将会开放获取，而且会符合《生物多样性公约》和《关于获取与分享利益的名古屋议定书》（ABS）。

地球生物基因组计划启动后，Wellcome Sanger 研究所希望把英国已知的6万个物种进行基因测序。在全世界范围内，类似的模式正在复制，每一个国家都想对自己国家的物种进行基因测序，同时也对其他国家的物种有兴趣。"目前，各方先从自己国家的物种开始，包括一些中国合作伙伴，相关项目投资超过了1亿美元。例如，华大基因想要对1万个物种进行基因测序，中国科学院要对1万种鱼类进行基因测序。"哈里斯·李文说，我们希望能够给地球"生命之树"提供参考，所以我们的基因组质量要跟人类基因组计划一样高。

为此，在过去两年半时间里，哈里斯·李文所属的脊椎动物基因组计划，非常努力地去获取高质量的基因组。"几个月之前，我们公开宣布了100个具有参考质量的基因组，未来一年加上3个项目，还有其他项目陆续进来。在2020年，我们将会获得2 000个高质量的基因组。"他幽默地说，"我认为人们对海量数据量的描述，很快就不再会是天文学的数据了，而会是基因组级别的数据。"

第8章

疾病是无国界的，治疗也是无国界的

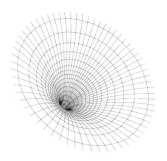

贺梨萍　编撰

2017年诺贝尔生理学或医学奖得主迈克尔·罗斯巴什：

　　"我们知道疾病是无国界的，治疗也是无国界的。"

2013年诺贝尔生理学或医学奖得主兰迪·谢克曼：

　　"帕金森病的发病率正在以惊人的速度上升，随着人口老龄化，在我们身边会有越来越多的病例。"

2009年诺贝尔化学奖得主阿达·约纳特：

　　"我们能够完全打赢这场战争吗？"

中国科学院院士饶子和：

　　"非洲猪瘟从俄罗斯、乌克兰蔓延到中国，成为一场大灾难，就像一场大火一样蔓延开来。"

中国科学院院士高福：

　　"我们刚看见它长什么样，但它变化多端。"

在2019年初，世界卫生组织（WHO）公布了2019年全球面临的十大健康威胁，全球流感大流行、埃博拉和其他高威胁病原体、登革热、艾滋病等依然在列，造成大面积恐慌和灾难的这些疾病仍然在威胁人类健康、增加全球医疗系统的负担。

在历史长河中，鼠疫、天花、霍乱、麻风、白喉、疟疾、肺结核等传染病都不同程度地给人类带来威胁。就在2019年11月12日，北京市朝阳区人民政府网站发布消息称，内蒙古自治区锡林郭勒盟苏尼特左旗两人经专家会诊，被诊断为肺鼠疫确诊病例。4天后的11月16日，内蒙古自治区锡林郭勒盟镶黄旗巴音塔拉苏木采石场一人在乌兰察布市化德县医院就诊期间反复发烧，经专家会诊，被诊断为腺鼠疫确诊病例。

在2019年，除了鼠疫再次引发国内关注外，另一项目前尚不感染人的疫情仍处于无法有效控制的态势之下。2018年8月3日，农业农村部新闻办公室通报我国首例非洲猪瘟疫情，随后病毒很快传播到全国大部分地区。中国是全世界最大的猪肉生产和消费国，生猪产业在国民经济发展和人民群众生活中具有不可替代的重要作用，非洲猪瘟对我国的影响不可小觑。

值得注意的是，进入21世纪以来，当人们认为人类已经能控制住大部分传染病的时候，一些新发传染病的陆续暴发正在敲响警钟，这或许是场旷日持久的战争。

非洲猪瘟成为一场大灾难，就像一场大火一样蔓延开来

　　针对国内近一年来关注度最高的非洲猪瘟，来自中国的两位科学家——清华大学教授、上海科技大学特聘教授、中国科学院院士、结构生物学家饶子和以及中国科学院院士、中国疾病预防控制中心主任、中国科学院微生物研究所研究员高福，都在各自的主旨演讲中着重提及了非洲猪瘟等流行病话题。

　　非洲猪瘟病毒（ASFV）是一类古老的病毒，最早在1921年于非洲肯尼亚被发现，至今有约100年的历史。非洲猪瘟是一种由非洲猪瘟病毒引起的家猪、野猪的急性、热性、高度接触性动物传染病，所有品种和年龄的猪均可感染，发病率和死亡率高达100%。世界动物卫生组织将其列为法定报告动物疫病，中国也将其列为一类动物疫病。

　　近百年来，非洲猪瘟病毒从非洲传播至欧洲、南美洲、亚洲等多个大洲。近年来，非洲猪瘟病毒的传播速度明显加快，呈现愈演愈烈的趋势。"不幸的是，从2018年8月开始，非洲猪瘟从俄罗斯、乌克兰蔓延到中国，成为一场大灾难。非洲猪瘟就像一场大火一样蔓延开来，波及中国很多省（自治区、直辖市），中国台湾还没有被波及。"

　　饶子和表示："2019年1月到10月，有26个国家已经受灾了，非洲猪瘟已经暴发或者正在暴发，其中包括13个欧洲国家、10个亚洲国家、3个非洲国家，中国和越南受灾是最严重的。"

在2019年11月22日农业农村部就2019年10月生猪生产形势举行的新闻发布会上，农业农村部畜牧兽医局杨振海局长提到，从2018年8月3日到2019年11月21日，全国共报告发生160起非洲猪瘟疫情，扑杀生猪119.3万头，全国还有2个省（自治区、直辖市）3起疫情目前还没有解除封锁，其余的29个省（自治区、直辖市）疫区已解除封锁。他表示，非洲猪瘟病毒已在中国形成比较大的污染面，预计疫情将在我们国家继续呈点状发生。

高福表示："像中国这样的受灾国，如果非洲猪瘟得不到抑制会造成重大经济影响。因为中国有特别多的猪，中国的猪肉消费量非常大。'小科学'可以成为'大科学'，帮我们解决很大的经济问题。"

值得注意的是，由于没有疫苗和其他治疗手段，扑杀猪是眼下控制疫情最有效的方法。据估计，非洲猪瘟流行病给全世界的养猪业已造成了20亿美元的经济损失。

"我们没有有效的疫苗，而且我们也并没有看到很有效的抗体。我们不清楚机体的免疫机制，也不清楚病毒与蛋白质的结构、病毒和宿主的相互作用，因此要了解的知识太多太多了。"饶子和说。

高福表示："我们需要基础科学家、基础研究员，从小处入手解决大的公共健康的问题，这就会成为'大科学'。针对非洲猪瘟的问题，通过研究病毒的结构，比如用冷冻电镜等技术来看病毒的结构，我们可以进行疫苗的开发。"

2019年1月12日，由中国农业科学院牵头承担的国家重点研发计划"公共安全风险防控与应急技术装备"重点专项应急启动项目——"非洲猪瘟等外来动物疫病防控科技支撑"项目启动暨实施方案论证会在青岛召开。科学技术部农村司蒋丹平副司长在会上指出，中央有关领导多次对非洲猪瘟疫情做出批示，国务院召开常务会议、专题会议和电视电话会议研究部署非洲猪瘟防控工作，要求坚决阻断疫情传播和蔓延，有效控制和扑灭疫情。

北京时间2019年10月18日，中国科学院饶子和院士、王祥喜研究员团队，和中国农业科学院哈尔滨兽医研究所所长步志高团队合作在国际顶级学术期刊《科学》（Science）发表论文：《非洲猪瘟病毒结构及装配机制》（*Architecture of African Swine Fever Virus and implications for viral assembly*），这是非洲猪瘟病毒首次在近原子分辨率下被"看见"。

与此同时，高福率领的团队也在解析这一古老的病毒，目前解析出的一个与药物靶点有关的蛋白酶结构已正式发表在微生物研究领域权威期刊《微生物》（*mBio*）上。dUTP焦磷酸酶（dUTPase）是DNA合成中的一种关键酶，广泛分布于真核细胞、原核细胞以及病毒等生命有机体内。该酶能够水解细胞质中的dUTP，从而最大限度地减少尿嘧啶在DNA合成中的错误插入，降低细胞中dUTP和dTTP的比例，维持基因组复制的保真度和顺利进行。ASFV也编码这种酶，被称为E165R。

高福团队的研究人员解析了apo-E165R和E165R-dUMP复合体的晶体结构，为靶向E165R的抗ASFV药物设计提供了重要依据。药物靶点即药物与机体生物大分子的结合部位，找到药物靶点也就意味着找到了攻克疾病的"钥匙"。

我们看清了非洲猪瘟病毒的结构，但绝对不能说就可以研制出疫苗

国内两支顶尖科研团队都在致力于发现非洲猪瘟病毒"真面目"的背后，是这一病毒极具复杂性的客观难度。

"大家知道最近在中国、在全世界发生了什么，日本也已经有一点恐慌了，大家觉得现在没法阻止猪瘟蔓延到日本了。"饶子和表示，这真的是一个噩梦，非洲猪瘟死亡率高达100%，而且没有有效的疫苗。

"它的传染规律是从野猪传染到家猪，过去100年没有看到全世界规模的非洲猪瘟。我们现在对于这个疾病的了解非常有限。"饶子和提到，非洲猪瘟研究本来也很少，西班牙的科学家贡献非常杰出，西班牙大概经历了30年的受感染期，因此他们有很多的研究。

非洲猪瘟病毒是世界上最大的病毒之一。饶子和介绍，他的研究团队采用单颗粒三维重构的方法首次解析了非洲猪瘟病毒全颗粒的三维结构，阐明了非洲猪瘟病毒独有的五层（外膜、衣壳、双层内膜、核心壳层和基因组）结构特征。非洲猪瘟病毒颗粒包含3万余个蛋白亚基，组装成直径约为260纳米的球形颗粒，是目前解析近原子分辨率结构的最大病毒颗粒。

饶子和团队曾经解析了甲肝病毒（HAV）、寨卡病毒（ZIKA）、乙型脑炎病毒（JEV）和单纯疱疹病毒（HSV）三维结构。上述四种病毒的直径分别为30纳米、50纳米、50纳米和125纳米。

就非洲猪瘟病毒五层结构中的衣壳，饶子和团队获得了由17 280个蛋白

质组成的结构（4.1埃）。饶子和团队介绍："衣壳有12个紫色的顶点，20个黄色的三角面，30个蓝色的'拉链'结构。"衣壳的内表面则可以看到有很多分子间的复杂的相互作用网络，正是这些相互作用网络，决定了该病毒结构的稳定性。非洲猪瘟病毒的表面，绝大部分由主要衣壳蛋白p72的三维结构组成。"因此，p72的三聚体是主要的保护性抗原之一，也是新型疫苗设计的主要靶标。我们在这结构下发现了四个潜在的非常重要的抗原表位，这四个抗原表位可以为未来新型疫苗的设计提供很好的线索。"

非洲猪瘟病毒首张结构高清图背后，体现的是多团队集中攻坚的力量。步志高于2018年分离得到第一株非洲猪瘟病毒，而在病毒结构解析过程中，上海科技大学生物电镜中心也为这项研究"绿灯放行"。据上海科技大学江舸研究员此前介绍，上海科技大学生物电镜中心于2018年底刚刚完成安装调试，该中心特别保障了整整四个月的电镜机时，完全投入非洲猪瘟病毒的攻关，最终获得超过100T的海量数据。

当然，这些基础研究最终指向的是非洲猪瘟疫苗的开发。"解决猪瘟，一定要解决疫苗的问题，扑杀是一种方式。但是中国这么大的国家，对于非洲猪瘟，有时候是防不胜防的，疫苗还是一个根本的措施。"饶子和表示。

目前，欧洲、美国等国家相继有科研团队和公司宣布开发相关疫苗，但尚无成功投入使用的。中国作为非洲猪瘟疫苗研究的"新手"，步志高认为大家"任重而道远"。

谈及疫苗问题，步志高此前表示，开发非洲猪瘟疫苗的挑战性可能在所有动物的疫病当中是最大的。"现阶段来讲，我们是在缺乏一个非常清晰的理论指导的情况下来开展这个疫苗开发的，仍然像过去几十年的老办法一样，就是在动物身上尝试，至于能保护的免疫机制是什么，我们还不是太清楚。"步志高认为，这方面有很多科学的问题要去探索，这样才能够给疫苗开发提供顶层设计的理论指导。

步志高坦言，我们在疫苗方面取得了进展，但离比较完美的疫苗还是有很大的差距，"有这个理论的指导，可以帮助我们未来设计更安全、更有效的疫苗，从全球范围来讲，这个理论的意义是非常大的"。

值得一提的是，据中国农业科学院2019年9月宣布，哈尔滨兽医研究所在前期基因缺失疫苗自主研发工作的基础上，进一步筛选出一株非洲猪瘟双基因缺失弱毒活疫苗，已完成了实验室研究，突破了以原代骨髓巨噬细胞实现疫苗规模化生产的重大技术瓶颈，完成了兽药GMP（药品生产质量管理规范）条件下的中间产品制备和检验。

步志高在论文成果发布会现场详细介绍，疫苗的研发有其规律，第一阶段是实验室研究，第二阶段是产业化的工艺研究，第三阶段是临床试验，只有三个阶段都完成以后，疫苗才算基本研发成功，随后推向应用。哈尔滨兽医研究所在第一阶段尝试了十几种疫苗的技术方案和路线，最后遴选出在实验室阶段安全有效的候选株。部分疫苗的第二阶段工作已经基本完成，下一步有望进入临床试验阶段。

然而，在安全的新型疫苗研制出之前，仍有许多问题待科学家们破解。饶子和表示："接下来，我们还有很多工作要做，比如非洲猪瘟病毒结构方面的工作，除了此次解析的衣壳，还有核心壳层，这个结构我们目前才解析到8埃左右。除此之外，相关的表面蛋白都要解析，现在对受体也不清楚，我觉得后面的工作还是非常之多，需要更多的团队联合攻关。"

长期处于疫情防控一线的高福则强调，外界不该将病毒结构解析和疫苗研发过度关联。"病毒结构解析和疫苗开发一定是两回事，大家一定别误读了。我们两支团队都'看清'了非洲猪瘟病毒的结构，但绝对不能说就可以研制出疫苗。"

高福表示："病毒结构解析是一项基础研究。当然，当我们知道它长什么样子的时候，会对我们的疫苗研究有帮助，但也有可能一点帮助都没有，谁也不知道。"

"今天我们对非洲猪瘟病毒知道得太少了，我们压根就不知道什么，刚看见它长什么样，但它变化多端，我们也不知道它还有什么'阴谋诡计'。"高福提到，除了疫苗这一方向，其团队也致力于抗非洲猪瘟病毒药物的研发。

帕金森病的发病率正在以惊人的速度上升，将耗尽我们的医疗资源

2002年11月，中国广东省发现了一种严重的呼吸道传染病，并迅速向中国香港和内地蔓延。这就是至今仍让人心有余悸的SARS（严重急性呼吸系统综合征）事件，被称为21世纪人类遭受的第一场瘟疫。

中国科学院官网在2003年推出一篇文章，其中提到，在人类自认为控制了大多数传染病的今天，面对这样一场突如其来的灾难，不能不让人感到惊恐。然而，如果我们翻开历史就会发现，传染病这个人类的天敌，一刻也没有停止过对人类的侵害，而人类也始终与传染病进行着顽强的斗争。

17世纪，荷兰商人安东·列文虎克手工自制了显微镜，首先观察并描述了单细胞生物，有着"光学显微镜之父"的称号。19世纪，法国微生物学家、化学家路易斯·巴斯德确定了微生物在发酵和传染病传播中的作用，巴斯德和费迪南德·科恩以及罗伯特·科赫一起开创了细菌学。19世纪末，结核杆菌、霍乱弧菌、鼠疫杆菌、肺炎球菌等致病菌的发现，为人类征服传染病做出了重要贡献。

同样是在19世纪后期，科学家们开创了免疫学。巴斯德证实，家畜接种了毒力减弱的病原微生物后，就不再感染此病。1885年，巴斯德研制出减毒狂犬病疫苗，至今仍是预防狂犬病最有效的方法。

中国科学院的上述文章中提到，细菌学和免疫学的创立翻开了人类

认识传染病的新篇章。19世纪末20世纪初，人们对传染病的病原体也有了新的认识，一些细菌以外的病原体如病毒、螺旋体、立克次体、衣原体、寄生虫也逐渐被发现。20世纪，人类在疾病的治疗方面取得了划时代的进步，尤其是化学疗法的发明，使许多传染病得到了有效控制。抗生素的应用是其中的一座里程碑，1928年弗莱明发现青霉菌，1944年瓦克斯曼发现链霉素。随着抗生素陆续应用于临床，大部分细菌病暂时遇到了效果立竿见影的"克星"。

随着上述诸多科学的新发现和临床医学的进步，从20世纪70年代起，大面积暴发的传染病在许多国家已不再是第一死因。社会各界更关注心脑血管病、癌症等疾病。看起来，传染病对人类的威胁已成为历史了。

然而，近年来，新的传染病又悄悄向我们袭来。H7N9禽流感病毒、MERS（中东呼吸综合征）冠状病毒、埃博拉病毒、寨卡病毒等，这些令人胆战心惊的病毒密集出现。

高福在2017年4月曾表示，这是因为生态环境和人类行为在变化。2014年，埃博拉疫情在西非暴发，中国政府派出62名工作人员组成首批移动实验室检测队出征塞拉利昂，高福受命任中国疾病预防控制中心实验室检测队前方工作组副组长，主要负责与国际组织的沟通、外联等工作。2016年，高福还带领团队鉴定出高效、特异性的寨卡病毒单克隆抗体，为全球首次。

"生态环境变化引发疫情典型的例子就是2013年的H7N9禽流感病毒造成的疫情。上海浦东有野鸟迁徙，是它们的栖息地。现在我们开发浦东，大家都跑到浦东了，但过去浦东只是一个湿地，人很少去。现在人过去了，增加了人与野鸟接触的概率。"高福说，吃活禽、吸毒等人类行为习惯也对传染病发生影响。

高福说："2018年1月到2019年5月，全球疾病暴发，有非常多的病毒被发现，在刚果依然有埃博拉，因为经济不好，当地还有战斗，埃博拉还没有消除。拉沙热在尼日利亚也是非常真实的存在。"

高福和病毒长期保持"亲密接触"，他对病毒保持着无限"敬畏"。以艾滋病为例，高福表示："现在全世界都没有找到有效的艾滋病疫苗，这已经不是'卡脖子'的问题了，而是'卡脑袋'的问题，也就是科学家们触到了人类目前认知的天花板，美国的科学家现在没办法，中国的科学家也同样束手无策。"

2018年3月，高福应邀在国际顶级杂志《细胞》(Cell) 上发表题为From "A"IV to "Z"IKV: Attacks from Emerging and Re-emerging Pathogens（《从艾滋病毒到寨卡病毒：来自新出现和再出现的病原体的攻击》）的评论文章，系统地评述了全球新发突发传染病形势及应对策略。

文章开篇从2018年流感流行、纪念1918年流感大流行（西班牙流感）100年作为切入点，然后延伸到包括MERS、埃博拉在内的新发突发传染病，还重点介绍了发现很早但是直到最近几年才对人引起严重感染的寨卡。

高福在文中指出，在对抗这些新发突发病原的研究和防控过程中，我们看到了中国科学家近年来在传染病防控领域所取得的骄人成绩，也看到了中国基础研究及防控队伍的不断壮大及大国的责任和担当。

兰迪·谢克曼则以帕金森病为例直击疾病的严峻。"它的发病率正在以惊人的速度上升，要比阿尔茨海默病的发病率上升得更快，随着人口老龄化越来越严重，在我们身边会有越来越多的病例。"

从全球来看，帕金森病也变得越来越严重，对中国来说在未来几十年内，发病率将会提高50%，这种疾病以及疾病的治疗会耗尽我们的医疗预算。

兰迪·谢克曼提到，"在美国，有100万人患帕金森病，但医疗机构每年在每位患者身上只能花265美元"。这个问题并不是单一的、能够以一刀切方式解决的问题。

翁启惠根据自己的科研经历向外界展示了眼下化学生物面临的挑战。其中包括"通用流感疫苗，以及用于癌症和阿尔茨海默病或者帕金森病的疫苗"。"我其实已经发现有9种抗体，说不定可以帮助我们实现这些目标。"翁启惠说。

对付抗生素耐药性，科学家们并没有十足的把握

值得注意的是，在科学家和临床医生的共同努力下，目前很多传染病有药可治。

阿达·约纳特表示："1920年，因为流感暴发，导致了人均预期寿命大幅度下降。在20世纪五六十年代的时候，我们的人均预期寿命也实现了将近直线的增长。其实它可以上升得更高，但在1950年之后，它的增长又一点点放缓了。"

除了20世纪中叶发生了第二次世界大战之外，阿达·约纳特认为，人均预期寿命增长放缓的背后也有几个临床的原因，"我们发现人均预期寿命的增长是因为抗生素的发现，为什么之后又出现了放缓，而不是像我们想象的继续大幅增长呢？因为这个时候出现了抗生素耐药性"。

阿达·约纳特强调，对抗生素来说一个最大的问题是，很多细菌身上出现了抗生素耐药性，它也是目前影响人类寿命最重要的原因。"我们看到，在美国每年有200万人得上传染性的疾病，2010—2014年欧洲因为细菌的抗生素耐药性，导致了33 000例死亡。同时，每年因为抗生素耐药性，我们在健康方面的损失高达160亿欧元，似乎我们很快要回到抗生素发明以前的时代了。"

根据世界银行估计，到2050年，因为抗生素耐药性的问题，每年全球经济的GDP会因此损失3.8%。"但是，目前正在开发的新抗生素种类非常少，因为开发新抗生素的费用非常高昂，而且现在它的效率也不是很高。"

阿达·约纳特为此担忧。

高福提到，"发现抗生素是很大的成功，然而存在耐药性的问题，因为我们滥用抗生素，尤其是发展中国家用了非常多抗生素"。

中国是世界范围内畜牧业养殖量最大的国家，同时这也导致了中国是世界范围内使用抗生素最多的国家。加之临床上抗生素频繁使用，使我国在细菌耐药性方面的形势不容乐观。在此背景下，高福所在的中国科学院微生物研究所在2018年3月底曾举行"2018年细菌耐药性威胁与应对研讨会"，农牧、临床、环境等多领域耐药专家齐聚一堂，针对目前的细菌耐药现状进行深入的讨论。

2018年4月，中国科学院学部咨询评议项目"中国病原菌抗生素耐药的现状及应对策略"正式启动。作为该项目的负责人之一高福，指出："这是一个全球性问题，中国科学家应该做出贡献。我们将开展我国细菌耐药发展趋势和耐药机制研究，促进新型抗感染药物和疫苗的研发，并提出应对策略。"

高福介绍，2016年，原国家卫生和计划生育委员会下发了《遏制细菌耐药国家行动计划（2016—2020年）》，提出到2020年实现"争取研发上市全新抗菌药物1～2个，新型诊断仪器设备和试剂5～10项"，"零售药店凭处方销售抗菌药物的比例基本达到全覆盖"等多项行动目标。2017年，原农业部也印发了《全国遏制动物源细菌耐药行动计划（2017—2020年）》，提出到2020年，实现"推进兽用抗菌药物规范化使用。省（自治区、直辖市）凭兽医处方销售兽用抗菌药物的比例达到50%"等目标。

高福表示："细菌耐药最终影响人类健康，但造成细菌耐药的因素及其后果却超越了卫生领域，迫切需要加强多部门、多领域协同谋划，共同应对。希望通过这个为期两年的项目，我们能够形成《中国病原菌抗生素耐药的现状及应对策略》报告，提交给国家相关部门，为我国在本领域的前沿布局和战略规划提供决策咨询参考，为人类福祉做贡献。"

提到抗生素耐药性问题，疫情仍然严峻的结核病也深受其害。世界卫生组织发布的《2018年全球结核病报告》显示，2017年结核病造成近160万人死亡，其中包括30万艾滋病病毒感染者。同年，新发结核病患者约1 000

万，全球发病率为133/10万。估计有100万名儿童新发结核病，23万名儿童死于结核病（包括与艾滋病病毒相关的结核病儿童）。同时，结核病是艾滋病感染者的头号杀手。

中国是结核病第二大国（疾病负担病人绝对数），结核病控制面临的一个棘手问题就是：耐药疫情比较严重，处于全球平均水平之上。2017年数据显示，中国有7.3万耐多药/单耐利福平（MDR/RR）结核病患者，占全球13.08%；全球MDR/RR新患者发病率为3.6%，而中国为7.1%；已经治疗的MDR/RR患者占发病人数的比例，全球为25%，中国则为7.1%。

针对中国耐药结核病疫情严重这一问题，原中国疾病预防控制中心结核病预防控制中心规划部主任、《全国结核病防治规划（2011—2015年）》参与起草者姜世闻曾表示，原因有两个，"第一个是既往有些病人不规律服药、断断停停，这样就会导致耐药产生；第二个就是原发耐药，患者本身就感染了耐药菌，发病的时候呈现出来就是耐药的"。

饶子和也提到结核病的耐药问题，他提到，"有些患者已经无药可治，这就成了致命性的疾病"。值得一提的是，近年来的研究表明，靶向结核致病菌结核杆菌的能量代谢系统，能够显著克服结核病现有药物的耐药问题。2018年10月，饶子和团队联合国内外多家科研机构在《科学》杂志上发表论文，揭示了结核杆菌能量代谢的奥秘，为准确切断结核杆菌的能量供给、"饿死"结核的新药研发策略提供了科学基础。

饶子和表示，他毕生的梦想之一就是"助力研制出一款能有效抗结核病的新药"。

提到药物的耐药性问题，2019年6月，青蒿素的耐药性问题也引发了外界的广泛关注。2015年10月5日，2015年诺贝尔生理学或医学奖颁发给了中国的屠呦呦教授，这是中国科学家第一次获得诺贝尔科技类奖项。该奖项是为表彰屠呦呦及其团队发现的青蒿素在世界抗击疟疾斗争中做出的伟大贡献。

然而，在广泛应用十余年之后，围绕青蒿素类药物耐药性问题的讨论日渐增多。《2018年世界疟疾报告》显示，2017年全球估计有2.19亿疟疾病例，而前一年为2.17亿例。在此前几年，全球感染疟疾人数一直稳步下降。

全球疟疾防治进展陷入停滞，疟疾仍是世界上最主要的致死病因之一。究其原因，除对疟疾防治经费支持力度和核心干预措施覆盖不足等因素外，疟原虫对青蒿素类抗疟药物产生耐药性是当前全球抗疟面临的最大技术挑战。

世界卫生组织和东南亚国家的多项研究表明，在柬埔寨、泰国、缅甸、越南等大湄公河次区域国家，对疟疾感染者采用青蒿素联合疗法（"青蒿素药物"联合"其他抗疟配方药"疗法）的三天周期治疗过程中，疟原虫清除速度出现缓慢迹象，并产生对青蒿素的耐药性。

屠呦呦等人对该问题也及时表示关注。2019年4月25日，屠呦呦、王继刚等六人在《新英格兰医学杂志》（*New England Journal of Medicine*）上发表了《"青蒿素耐药"的应势解决方案》。他们在文章中提到，柬埔寨最早报道患者接受青蒿琥酯治疗后体内寄生虫清除速度减慢，这一现象为我们敲响了警钟。之后，缅甸、泰国、老挝和中国等亚洲国家均观察到寄生虫清除出现类似延迟的情况。

屠呦呦等人在文章的最后指出，在效力、安全性和耐药风险方面优于青蒿素类药物的下一代抗疟药似乎短时间内不太可能出现。大多数ACT（青蒿素联合疗法）价格低廉（例如加纳一个蒿甲醚–本芬醇疗程的费用不到10美元）。药物研发项目的高昂成本会影响新药的价格，并有可能阻碍最有需要的患者获得药物。

屠呦呦等人认为，在研发成功40年之后，青蒿素类药物仍然是联合治疗时首选的抗疟药，在临床中优化用药方案是完全有希望克服现有的"青蒿素耐药性"现象的。

值得强调的是，对付抗生素耐药性，科学家们并没有十足的把握。"这里是一些常见细菌的耐药性的情况，它们的耐药性都呈现了上升的趋势。同时也应看到，目前新的抗生素开发并不乐观，在2000—2007年只有一种新的抗生素在开发。"

现在我们能够完全打赢这场战争吗？阿达·约纳特比较悲观，"我觉得不大可能，因为我们知道细菌也需要生存，而细菌在新陈代谢方面比人类更加'聪明'，所以我们现在只能用我们的智慧找到那些非常重要的、能够抗击不同病原体的抗生素，这个将会是我们对人类健康最为重大的贡献之一"。

我们知道疾病是无国界的，治疗也是无国界的

"人类面临这么大的挑战，我们想一下病毒的传播，病毒可以跨越国界，也许我们开一个会，埃博拉就到了上海或是纽约，其实就是一个航班的距离。"

那么科学界和相关机构能做的是什么？高福表示："作为中国疾病预防控制中心的一员，我希望跟所有人一起合作，跟美国、法国、英国的机构合作，在我们的疾病预防控制中心，我们需要一些以'大科学'为基础的公共卫生能力。"

高福强调："如果非洲猪瘟得不到抑制会造成很大的经济影响，所以'小科学'可以成为'大科学'，可以帮我们解决很大的经济问题。我们需要一起合作分享数据，这是很重要的。实地工作也很重要，基础科学家、研究员需要去前线。同时，我也觉得我们通过一起合作，可以创造一个更好的世界。"

兰迪·谢克曼则继续以他力推的帕金森病为例，"这个并不是什么'大科学'项目，我们想要很多研究者团队进行大规模合作，来搞清楚帕金森病的机制，所以我们发布了一个文件，我们想邀请全球研究者团队共同合作，来做共同的项目，建言献策"。

他认为，"我们除了要吸引在帕金森病研究方面有创新性点子的年轻研究者外，还要吸引帕金森病和神经退行性疾病领域以外相关领域的各种人才，帮我们搞清楚到底这个病是怎么一回事"。

　　"我们专注所选出来这些研究主题。这些主题也给大家看了，我们也会把这些全球的研究团队组成一个网络，在结果发表之前先进行分享交流，然后最后发表出来的论文将会存档，所有相应的文档都是希望可以被公开免费阅读的。"兰迪·谢克曼希望，"10年以后，我们应该能够写一个报告，帮助人们真正理解这个病到底是怎么回事。"

　　迈克尔·罗斯巴什则着重强调在疾病面前全球科学界应该摆正竞争和合作的关系。"100年前，尼尔斯·波尔获得诺贝尔物理学奖（1922年）。在美国研究原子弹的过程中，波尔本人非常反对将原子弹技术保密。他认为，在战争期间大国掌控核心技术是非常危险的。20世纪八九十年代，全球受到的核威胁程度降低了，科学家在其中发挥了作用。各国通过加强合作来降低危险的竞争，特别是那种非常危险的竞争。"

　　"我们知道疾病是无国界的，治疗也是无国界的。所谓这个'界'，不仅仅是国界，哪怕在一个国家之内也有这样的边界，比如说不同的学术机构之间的交流的阻碍。可能有一些学术机构非常醉心于金钱和权力，特别是我们年长的人是比较熟悉那样的情况，我们必须打破这样的边界。"

　　迈克尔·罗斯巴什还强调人类需要耐心。"全球最重要的那些文化机构，比如说大学、交响乐团、博物馆都是历史悠久的，因为我们要创造一个伟大文化机构是需要时间的，很少有例外。"

　　高福还提出控制传染病的两个重要因素：持续监测与基础研究。病毒传播是没有国界的，因此必须开展国际合作。高福呼吁全球的科学家、临床医生及公共卫生专家等一起来攻克新发突发病原体，并着重介绍了将全面启动的全球病毒组计划（Global Virome Project，GVP）、建立非洲CDC网络等战略部署，将对新发突发病原体发起"主动出击、全面出击"，主动鉴定出病毒威胁，并采取必要的措施来预防下一次的大流行病。

　　高福对由世界银行、世界卫生组织以及日本和德国政府共同发起的流行病应急融资基金（PEF），以及由挪威政府、比尔及梅琳达·盖茨基金会、惠康信托基金会和世界经济论坛共同建立的流行病预防创新联盟（CEPI）给予了高度评价。他认为，这类创新的全球性融资机制，将有效保护全世界免遭致命性流行病影响，并加速疫苗研发进程。

人类需要不断认知病原体。高福指出，对病毒的致病性、跨种传播等问题的深入基础研究是有效防控传染病的根本。这一领域目前也亟待更多关注，还有基金资助。

高福提出，在面对病毒时，人类能否从被动防御变为主动出击？高福提到，新启动的"全球病毒组计划"就将致力给出答案。这项计划预计在未来10年耗资12亿美元，由中国、美国、巴西、尼日利亚等国家共同完成。全球病毒组计划将提供大量可公开访问的数据，这些数据可能会带来意想不到的发现，比如这些发现可能是人们鉴定出导致癌症、精神疾病或行为障碍的病毒。

他还希望，基础研究领域的科学家能多深入实地，提出科学问题加以解决。

"让我们用4C原则来建设一个人类共同未来的社会！"高福在论坛上呼吁，通过合作（Cooperation）、竞争（Competition）、沟通（Communication）和协作（Coordination），来加强数据的获取、使用和共享。他表示，经过非典疫情之后，中国已经建立起高效的病原监测与防控体系，愿意为国际合作贡献"中国力量"。

第9章

200年后地球资源耗尽，人类该怎么办？

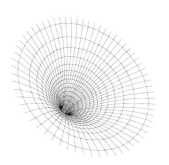

刘禹　编撰

1999年诺贝尔物理学奖得主杰拉德·霍夫特：

"人类不必要太过恐慌，但也不应该否认地球正在面临的挑战。"

2012年诺贝尔物理学奖得主塞尔日·阿罗什：

"我们不仅要考虑科学问题，也要考虑社会学问题。"

2011年诺贝尔化学奖得主丹·谢赫特曼：

"我们不能只依靠降水来获得水资源，我们需要对水进行'再生产'。"

2010年诺贝尔物理学奖得主安德烈·盖姆：

"我们现在正处于二维材料的黎明时期。"

2006年美国物理学会詹姆斯·C.麦高第新材料奖得主戴宏杰：

"工程师要作为桥梁，推动纳米材料在各个领域的实际应用。"

中国科学院院士丁奎岭：

"我要用自己的研究成果为化学'正名'——化学不仅可以是绿色的，而且其研究成果能惠及我们每一个人。"

2015年麦克阿瑟天才奖得主杨培东：

"新型能源从科学到技术再到产品，至少还需要二三十年的时间。"

从1990年开始，世界能源危机便出现了迹象。在此之前，人类一味开采已经发现的能源，包括石油、煤、天然气，而没有关注能源的未来。

但是，地球上的资源是有限的，总有一天会被人类挥霍殆尽。霍金曾预言，大约200年后，地球资源就会被人类消耗殆尽。

这不是危言耸听。应对资源危机，一味地依靠技术进步或许并不是良策。

2012年诺贝尔物理学奖得主塞尔日·阿罗什一语中的："人类面临的这些挑战，光靠科学进步是无法解决的，还需要改变全人类的心态，让大家意识到问题的重要性。"

有人做过预测，在能源方面，人类目前所用的化石燃料，包括石油、煤炭、天然气等，因为不可再生，估计只能供人类使用100～200年；核电站等采用核裂变原理提供的能源，需要放射性原料，如铀-235等，以地球现有储量估计也仅仅能够使用50年左右。

随着人类对资源的需求不断增加，资源不足的问题早已开始困扰人类。世界上最聪明的脑袋，如何应对和解决这些问题呢？

人类不必太过恐慌，但也不应否认地球正在面临的挑战

因为科技的发展，地球正走向毁灭吗？

1999年诺贝尔物理学奖得主杰拉德·霍夫特认为，人类不必要太过恐慌，但也不应该否认地球正在面临的挑战。其中最重要的问题之一，就是能源的消耗。

在中国，每人每天需要消耗50千瓦时的能量；在荷兰，这一数字是160千瓦时；在美国，这个数字是250千瓦时，相当于156千克煤炭的发电量，数量很惊人。到底是什么原因造成了人类消耗大量的能源呢？杰拉德·霍夫特觉得，很大一部分是因为化石燃料的大量使用。虽然化石燃料已经有几百年的使用历史，但产生的大量二氧化碳正在严重加剧环境的负担，而且作为不可再生能源，使用化石燃料终究不是长久之计。

现在，人们将目光投向可再生能源。可再生能源是指自然界中可以不断利用、循环再生的能源，包括太阳能、水能、风能、生物质能、波浪能、潮汐能、海洋温差能、地热能等。它们在自然界可以循环再生，是取之不尽用之不竭的能源，不需要人力参与便可以再生，是与会穷尽的不可再生能源不一样的能源。目前，风能和太阳能是最主要的两大替代使用方案。

目前，光伏发电的效率正在快速提升，这些能源的价格甚至已经低于化石燃料，这是能源领域的剧变。但是，风能和太阳能能否完全替代化

石燃料并成为人类主要的供能形式？杰拉德·霍夫特认为，可行性不强。这些可再生能源目前面临各种各样的问题，比如受气候因素、昼夜、潮汐等自然因素影响不能平稳输出所需能源，更不用说满足全世界的能源需求了。更重要的是，光伏发电的效率虽然会提升，但是从科学的角度来讲，其上限不会超过50%。在人类能源需求不会减少甚至还在增加的情况下，可再生能源很难完全替代化石燃料。

核能能缓解能源危机，也会打开"潘多拉魔盒"

核能对很多地区的民众来说像是"潘多拉魔盒"，虽然可以很大程度上缓解能源危机，并且不用担心污染和温室气体排放问题，但其安全性始终饱受质疑。

虽然核能不太受欢迎，但核电方案已经不断更新升级，在乌克兰等很多地方有了大规模应用，并且在这些地方已经广受认可。

值得注意的是，核能利用分为核裂变和核聚变两种形式。核裂变又称核分裂，是指由重的原子核（主要是指铀核或钚核）分裂成两个或多个质量较小的原子的一种核反应形式。原子弹或核能发电厂的能量来源就是核裂变。其中铀裂变在核电厂最常见，热中子轰击铀-235原子后会放出2～4个中子，中子再去撞击其他铀-235原子，从而形成链式反应。原子核在发生核裂变时，释放出巨大的能量，这些能量被称为原子核能，俗称原子能。

1千克铀原子核全部裂变释放出来的能量，约等于2 700吨标准煤燃烧时所放出的化学能。一座100万千瓦的核电站，每年只需25～30吨低浓度铀核燃料，运送这些核燃料只需10辆卡车；相同功率的煤电站，每年则需要300多万吨原煤，运输这些煤炭，要用1 000列火车。

但比起核裂变，核聚变才是真正意义上具有成为人类终极能源潜力的能源之一。

核聚变又称核融合、融合反应、聚变反应或热核反应。这里的核是指质量小的原子，主要是指氘。在极高的温度和压力下，核外电子摆脱原子核的束缚，让两个原子核能够互相吸引而碰撞到一起，发生原子核互相聚合作用，生成新的质量更重的原子核（如氦），中子虽然质量比较大，但是由于中子不带电，因此也能够在这个碰撞过程中逃离原子核的束缚而释放出来，大量电子和中子释放的结果就是巨大的能量释放。这是一种核反应的形式。

核聚变反应释放的能量则更巨大。据测算，1千克煤只能使一列火车开动8米；1千克核裂变原料可使一列火车开动4万千米；1千克核聚变原料可以使一列火车行驶40万千米，相当于从地球到月球的距离。

在某种意义上，热核聚变能可以说是近乎"可再生"的能源。

为什么这样说呢？核聚变元素氢-3（氚）源于太阳，目前地球上氢-3（氚）的储量基本上处于一个动态平衡的状态，这个同位素的半衰期大约是12.3年。由于衰变减少的量和太阳风带来的增加的量处于平衡状态，如果能够使用的话，几乎对自然界中的氢-3（氚）的储量没有显著性影响。因此，氢-3（氚）可以被称为"可再生"能源，它的再生就是源于太阳风的传送。

虽然在科学层面，核能是一个很好的解决方案，但"谈核色变"的现象依然存在，任何与核相关的东西都容易被民众口诛笔伐。因此，"这些问题就不是单靠科学就可以简单解决的。"杰拉德·霍夫特表示。

2012年诺贝尔物理学奖得主塞尔日·阿罗什也认为，人类面临的这些挑战，光靠科学进步是无法解决的，还需要改变全人类的心态，让大家意识到问题的重要性。"我们不仅要考虑科学问题，也要考虑社会学、心理学的问题，我们不仅需要研究'硬科学'的专家，也需要研究'软知识'的专家。"他认为，如果科学家只给出一些理论上的解决方案，各个国家的人民不能理解，不愿意合作，不做出改变，想最终解决这些挑战一定非常困难。

"人造太阳"是一项涵盖全球近一半人口的庞大计划

　　与核裂变相比，核聚变不但更安全，还具有原料无限、产物清洁等特点，所以长期以来被科学家认为是未来人类的终极能源之一，可以大规模应用。但目前来看，核聚变离成为人类可控可用的能源生产方式还有一段距离。

　　在国际上，中国、欧盟、美国、俄罗斯、印度、日本和韩国七个国家和地区的政府机构，早在1985年就计划在法国建立"国际热核聚变实验堆计划"（ITER）的试验成品，又称"人造太阳"，各方共出资100亿欧元。这是一项包括联合国五大常任理事国在内、涵盖全球近一半人口的庞大计划，致力于通过核聚变为人类提供不竭的能源，其意义非常深远。

　　什么是"人造太阳"？其实就是核聚变发电站。看过《钢铁侠》的人都知道，《钢铁侠》里面有一个"人造太阳"叫"托卡马克"，像一个磁线圈一样。如果把气体加热到上亿摄氏度，它就会发生核聚变，可以像太阳一样发出巨大能量。中国也有两个现实版的"托卡马克"：一个在合肥，另一个在成都，分别叫"东方超环"和"中国环流器一号"。

　　上亿摄氏度的等离子体，不管什么碰到它都会瞬间灰飞烟灭，怎么办？中国工程院院士、中国科学院等离子体物理研究所研究员李建刚介绍说，用磁场让它悬浮，跟周边的任何容器材料都不接触，这个时候就可以将它加热、控制，将它隔离，就像甜甜圈一样。这种磁场强度需要比地球两极的磁场高两万倍以上。

　　在"人造太阳"里，氘和氚被加热到上亿摄氏度，产生氦和中子，中子就跑到包层材料里进行加热。以此为热源，水被转换成蒸汽，再通过蒸汽发电。人类在这个方向上已经研究了近50年，取得了很大进展，每16个月左右，"人造太阳"的性能综合参数可以翻一倍。

目前，我国"大科学"装置"人造太阳"取得重大突破，实现加热功率超过10兆瓦，等离子体储能增加到300千焦，等离子体中心电子温度首次达到1亿摄氏度，获得的多项实验参数接近未来聚变堆稳态运行模式所需要的物理条件，朝着未来聚变堆实验运行迈出了关键一步，也为人类开发利用核聚变清洁能源奠定了重要的技术基础。

李建刚说，我国做到了输出的能量和输入的能量之比为1.25，即已经有了净输入。这意味着，"人造太阳"从科学上已经验证可行。从科学验证到工程应用还有多久？"我们现在正在做实验装置、参加ITER，但是希望10年以后能建造中国自己的工程堆，这样才能够验证发电。有了这个东西以后，预计在五六十年后就能商用化。"李建刚表示，中国需要能源，中国一定要在人类实现这种聚变的路上起到不可取代的作用。

还有人"脑洞大开"：暗物质和暗能量充斥整个宇宙，能不能利用这些资源？

据国外媒体最新报道，英国朴次茅斯大学和德国慕尼黑大学的科学家小组，在经过两年多的研究后发现，导致宇宙加速膨胀的暗能量很可能真实存在。模型预测暗能量存在的概率达到了99.996%，但目前还没有探测到暗能量的组成等性质。

朴次茅斯大学科学家团队的研究人员介绍道："在我们这个时代，暗能量是一个科学界上的大谜团，所以许多科学家质疑暗能量的存在，这并不令人惊讶。但依据最新的研究发现，我们比以往任何时候都相信宇宙中真实存在着暗能量，即使我们仍然不知道它是由什么组成的。"

随着物理真空理论和实验研究的推进，人类将会把处于"闲置"状态的暗能量作为一块"新油田"加以开发。若能将这种能量转换为可供人类应用的动力，等于为人类开启了一座永不枯竭的能源宝藏。

然而，在杰拉德·霍夫特看来，这一想法目前还停留在"科幻"的层面。由于无法直接观测，除了引力作用外，人们对暗能量的其他特性一无所知，更别说开采利用了。

在能源方面，无论是可再生能源、核电、"人造太阳"，还是"脑洞大开"的暗能量，人类对能源需求只会越来越大，对新型能源开发的事业也永远不会停止。

我们不能只依靠降水来获取水资源，
我们需要对水进行"再生产"

尽管地球上的水资源储量巨大，但能直接被人们生产和生活利用的水却少得可怜。地球的淡水资源仅占地球总水量的2.5%，而在这极少的淡水资源中，又有70%以上被冻结在南极和北极的冰盖中，加上难以利用的高山冰川和永冻积雪，有87%的淡水资源难以利用。人类真正能够利用的淡水资源，只是江河湖泊和地下水中的一部分，约占地球总水量的0.26%。

全球淡水资源不仅短缺，而且地区分布极不平衡。按地区分布，巴西、俄罗斯、加拿大、中国、美国、印度尼西亚、印度、哥伦比亚和刚果9个国家拥有的淡水资源占了世界淡水资源总量的60%，约占世界人口总数40%的80个国家和地区严重缺水。目前，全球80多个国家约15亿人口面临淡水不足，其中26个国家的3亿人口完全生活在缺水状态。预计到2025年，全世界将有30亿人口缺水，涉及的国家和地区达40多个。21世纪，水资源正在变成一种宝贵的稀缺资源，水资源问题已不仅仅是资源问题，更成为关系到国家经济、社会可持续发展和长治久安的重大战略问题。

水资源匮乏带来的蝴蝶效应是很多人难以想象的，比如战争以及难民。2011年诺贝尔化学奖获得者丹·谢赫特曼说，中东就有这样的例子。处于两河流域上游的土耳其在20世纪70年代启动了安纳托利亚工程，建设一系列大型水电站和灌溉工程，解决了土耳其的用电用水紧张。此后，土耳其在幼发拉底河上游修建了一连串水利工程，至少拦截了河流的一半水量，对下游的叙利亚和伊拉克造成了严重影响。

造成水资源匮乏的另一个原因是浪费，需要全民提高节水意识。"这和教育息息相关"，来自以色列的丹·谢赫特曼说，这是以色列文化的一部分，在他们的价值观里，水是很稀缺的资源，国民坚决不浪费水。

农业中的漫灌也造成了水资源的严重浪费。"漫灌是灌溉中最糟糕的技术，由于没有限制，即使是发达国家也在用漫灌，但其实更节水的高精尖装置早已经越来越多了。"丹·谢赫特曼有些愤慨，他认为，滴灌是最节省水资源也是最高效的灌溉方式。"以色列有着世界顶尖的滴灌技术，目前已经推广到全球多个国家。"

在以色列，还有一项广泛应用的节水技术：阶梯式用水。农业用水的标准稍低，因此生活用水和工业用水经过过滤、处理，可以再用于农业灌溉。以特拉维夫地区为例，这里共有约250万居民和7 000家工厂，每年有约1.3亿立方米的废水会被收集储存在地下，经过5年时间的过滤，水的质量大幅提升，再抽取出来二次利用。

从原始人依靠狩猎为生，到农业社会，再到工业文明，科技的发展使人类很大程度上不再"靠天吃饭"。但在丹·谢赫特曼看来，时至今日，人类对水资源的索取方式依然原始，"我们不能只依靠降水来获取水资源，我们需要对水进行'再生产'"。

目前，海水淡化是很多沿海国家为了解决水资源匮乏问题而采取的"再生产"水的措施。以色列就有5座海水淡化工厂，每年可以生产5.85亿立方米淡水，满足了整个以色列70%的生活供水。丹·谢赫特曼分享说，还有新的海水淡化工厂正在规划建造中，预计每年还会增加2亿立方米的淡水产量，它们帮助以色列解决了很多社会问题。除了陆地上的海水淡化工厂，以色列正在研发海水淡化船，把海水淡化厂直接搬到了船上。这个方案的优点在于可以移动，可以直接在海面上处理，然后对接输送到各个城市，而且成本很低，每立方米不到1美元。

如果说丹·谢赫特曼从宏观介绍了以色列应对水资源匮乏问题采取的各种先进技术和方案，来自北京大学的青年科学家江颖，则以一种"硬核"的方式为水资源利用和处理提供了新的思路：从原子尺度研究水。

在用生物膜对水进行处理时，人们发现钾离子通道可以让钾离子通过，却无法让电量相同而体积更小的钠离子通过。这是为什么呢？原来，这和水离子的存在有关。对于水的结构研究，一直是国际上的重点和难点。《科学》杂志曾在创刊125周年之际，公布了21世纪125个最具挑战性的科学问题，其中就包括"水的结构是什么样的"。2015年，《德国应用化学》也将水的相关问题列入未来24个关键化学问题。可以说，水是"Soft in nature, hard in science"（在自然中柔软，在科学上很"硬"）。

离子与水分子结合形成水合离子，是自然界最为常见和重要的现象之一，在很多物理、化学、生物过程中扮演着重要角色。北京大学物理学院量子材料科学中心江颖教授和王恩哥院士领导的"揭示水合离子的原子结构和幻数效应"研究成果，首次澄清了界面上离子水合物的原子构型，建立了离子水合物的微观结构和输运性质之间的直接关联，颠覆了人们对于受限体系中离子输运的传统认识。这不仅与海水淡化工作密切相关，还对离子电池、防腐蚀、电化学反应和生物离子通道等很多应用领域都具有重要的潜在意义。

为了突破实验技术上的瓶颈，江颖团队进行了长期钻研和探索，发展出了一整套基于扫描探针显微镜（包括扫描隧道显微镜和原子力显微镜）的超高分辨成像、谱学和操纵技术，近年来在水科学领域得到了成功应用，通过实验和理论深度融合，澄清了若干疑难科学问题，刷新了人们对水和其他氢键体系的认知。

水溶液中的离子输运研究，长期以来都是基于连续介质模型，而忽略了离子与水相互作用以及离子水合物和界面相互作用的微观细节。此研究首次得到了离子水合物的原子结构，并建立了离子水合物的微观结构和输运性质之间的直接关联，刷新了人们对于受限体系中离子输运的传统认识。

此研究的结果表明，人们可以通过改变表面晶格的对称性和周期性来控制受限环境或纳米流体中离子的输运，从而达到选择性增强或减弱某种离子输运能力的目的。这对很多相关的应用领域都具有重要的潜在意义，如离子电池、防腐蚀、电化学反应、海水淡化、生物离子通道等。

此外，该研究发展的实验技术也首次将水合相互作用的研究精度推向了原子层次，未来有望应用到更多更广泛的水合物体系（例如蛋白质的水合作用），开辟全新的研究领域。这项成果也被列入"2018年度中国科学十大进展"之一。

水不仅是世界上最常见的物质之一，也是人类最重要的一种资源。对水的研究仍在继续。

我们现在正处于二维材料的黎明时期

过去两万多年，材料对人类发展进程有多重要？从几个名词就可略窥一二：石器时代、青铜时代、铁器时代，我们用材料的名字来定义某个漫长的时代，并且使用的材料也越来越复杂。代表现在这个时代的典型材料，非塑料和硅莫属。近几百年来，源于石油的塑料已经应用到生活和工业的方方面面，有着不可替代的作用。在信息化时代，应用硅材料的集成电路的重要性更是不言而喻。

但任何材料都有自身的局限性，硅也不例外。集成电路是现代信息技术的基石，世界上目前最领先的量产的集成电路工艺已经达到3纳米，想要做得更小，硅材料在散热、功耗等方面就开始呈现短板。早在2006年，国际半导体技术路线图委员会就认为，摩尔定律将在2020年接近极限，寻找硅材料替代品的需求眼下更为迫切。

下一个时代的典型材料是什么？

石墨烯是一个选项。自2010年英国曼彻斯特大学物理学家安德烈·盖姆和康斯坦丁·诺沃肖洛夫用微机械剥离法成功从石墨中分离出石墨烯并共同获得2010年诺贝尔物理学奖之后，全球范围内就掀起了石墨烯研究开发以及产业应用的热潮。

石墨烯源于石墨，大概500年前，在欧洲就有人开始用石墨画画，这种材料几百年来就在我们的眼皮底下，但人们从来都不知道这种形式的材料的存在。石墨烯和石墨的区别在于，石墨烯是单层原子构成的二维材料。

安德烈·盖姆说，它是世界上最薄的材料。

"虽然大自然里都是三维的材料，但我们可以自己制造二维材料。"安德烈·盖姆表示，虽然是同样的物质，但结构改变后，神奇之处就显现出来了。"少即是多，有时候不一定要量大，它的性质才会更加厉害。从石墨中单抽出来的石墨烯，具备更加巨大的科学意义，而且应用的范围也更加广泛。"

一种材料之所以被认为是革命性的，是因为它不只是一个结构，它有很多的"兄弟姐妹"。如果石墨烯在某种应用中的表现不理想，你可以通过拆解和组合一个结构得到新的、具有你需要的属性的结构，就像原子大小级别的乐高玩具。石墨烯的结构在无限多种可能性上还能产生无限多的变化。

安德烈·盖姆通过实验证明，凭借着非同寻常的导电性能、超出钢铁数十倍的强度和极好的透光性，石墨烯作为目前发现的最薄、强度最大、导电导热性能最强的一种新型纳米材料，市场潜力巨大。

石墨烯的应用，在电子材料领域包括晶体管、传感器、柔性触摸屏、可穿戴设备等；在能源领域包括太阳能电池、锂电池、超级电容等；在散热材料领域包括散热膜、散热复合材料等；在生物医学领域包括药物载体、细菌消除、DNA快速测序等。它还可以在污水处理、淡化海水等众多领域应用。

在科研机构、媒体的热捧下，石墨烯似乎已经成为无所不能的"超级材料"，被称为"黑金""新材料之王"，科学家甚至预言石墨烯将"彻底改变21世纪"，而且极有可能掀起一场席卷全球的颠覆性新技术新产业革命。

但安德烈·盖姆认为，任何材料都有其局限性，石墨烯也不例外。石墨烯的最大价值在于，为科研界打开了二维材料的大门。"我们还惊喜地发现，远不只有石墨烯这一种二维材料存在，我们还找到了其他和石墨烯很像的材料，它们也是一个原子的厚度。"安德烈·盖姆团队在过去15年里，已经发现了十几种二维材料并建立了二维晶体材料库。

"二维材料的突破和革命，使之前完全难以想象的材料现在已经在我们身边应用了。"安德烈·盖姆感慨。比如，华为的智能手机电池充电速度大幅提升,就是因为应用了石墨烯,其导电性能大幅增强了;利用石墨烯的硬度,还可以使汽车车身强度更大,福特汽车目前已经开始把石墨烯应用于汽车制造。

"我们现在正处于二维材料的黎明时期,可能这些材料不会像塑料和硅一样定义我们的时代,但是这些材料肯定会做出巨大的贡献,改善我们的生活,让我们有更好的生活体验。"安德烈·盖姆表示。

纳米材料是下一个时代的重要材料之一

同样源于石墨，碳纳米管作为一维纳米材料，重量轻、六边形结构连接完美，具有许多特别的力学、电学和化学性能。近些年，随着对碳纳米管及纳米材料的研究不断深入，其广阔的应用前景也不断地展现出来，被认为是下一个时代的重要材料之一。

纳米材料，其结构单元的尺寸介于1～100纳米范围之间。由于它的尺寸已经接近电子的相干长度，它的性质因为强相干所带来的自组织使材料的性质发生了很大变化。并且，其尺度已接近光的波长，加上其具有大表面的特殊效应，因此其所表现的特性，例如熔点、磁性、光学、导热、导电特性等，往往不同于该物质在整体状态时所表现的性质。

2006年美国物理学会詹姆斯·C.麦高第新材料奖得主戴宏杰，是全世界最顶尖的碳纳米管材料专家之一。他研究纳米材料已经20多年了。他发现，纳米材料应用之广泛远超他的想象。

碳纳米管在可再生能源领域的应用，是戴宏杰这些年研究的重点领域，在能源的转化和储存方面取得了很多成绩。

第一个是电催化。氢气是目前非常热门的新能源和清洁能源，但目前大多数氢气都还是来自化石燃料，因此备受争议。如果将水电解用来制备氢气，情况就完全不一样了。但淡水本身就是一种很宝贵的资源，地球上的水资源97%都是海水，能否直接用海水制备氢气？问题是，海水中存在大量氯离子，会腐蚀电极。2013年，戴宏杰团队做出了突破，通过碳纳米管的应用对电极进行保护，使催化电解反应可以持续稳定进行，最长可维持1 000多小时。并且，电解反应所需要的电压很低，用太阳能电池板就可以满足电解反应所需电压。试想一下，未来航行在海上的船只，只需要携带太阳能电池板和电极材料就可以随时随地电解海水从而获得行驶的能源，从海水中得到的氢气也可以用来给氢能源汽车供能。

第二个是电池。戴宏杰团队在以石墨为正极材料的铝离子电池研究方面目前处于世界领先水平，研发完成了世界上第一个能长时间稳定循环的铝离子电池。戴宏杰认为，铝离子动力和储能电池代表着新能源产业的发展方向，具有材质成本低、安全系数高、充电速度快、使用周期长、耐低温等特点。

锂离子电池是现在的主流，在现有电池技术的基础之下，安全与能量密度是一道选择题。如果对能量密度和续航里程有过高的追求，那么安全一定是被"牺牲"的那一方。尤其是在新能源汽车领域，电池起火事故频发。因此，全世界都在寻找性能更好、安全性更高的电池。铝离子电池是戴宏杰选择的方向，他介绍说，铝离子电池的原料是铝、碳纳米管和尿素，其成本很低，但效率很高。"铝离子电池全都是用离子做的，非常抗燃，安全性能很好，与此同时它的能量密度也很高。"他兴奋地说。

不只是能源领域，纳米材料还在生物和医学领域大显身手，基于近红外二区荧光成像技术的纳米生物探针在转化医学中实现应用；等离子体金薄膜为衬底的近红外荧光增强的微阵列芯片，可用于特异性生物因子及肿瘤标志物的体外高灵敏度检测。其他对纳米科学在临床医学中的转化研究也正在进行中。

"我的研究领域需要做非常基础的研究。因此，工程师要作为桥梁，连接环境、能源和生物医学多个学科，推动纳米材料在各个领域的实际应用。"戴宏杰表示。

化学不仅可以是绿色的，而且能惠及我们每一个人

地球上的资源能否足够人类永续发展？在中国科学院院士、上海交通大学常务副校长丁奎岭看来，这都不是事儿，只要二氧化碳"管够"，就可以源源不断地制造化工原料。丁奎岭团队研究二氧化碳催化转化新方法——从二氧化碳到"万能溶剂"二甲基甲酰胺（DMF）新路径，获得重大突破，建成全球首套千吨级二氧化碳资源化利用合成DMF中试装置。

为了抑制全球变暖，世界各国都在努力减少碳的排放量，科学家们也在努力想办法，如何把二氧化碳这个造成全球变暖的"元凶"，转化成可以使用的化学原料。因为二氧化碳性质稳定，要转化就要采用高压高温的方式，这样势必再次造成能源消耗。

作为有机化学家，丁奎岭长期关注二氧化碳温室气体资源化利用问题。基于多年来在催化氢化方面的研究积累，他通过发展新型金属有机催化剂，实现了在温和条件下将二氧化碳作为"碳资源"，通过化学转化制备出甲醇、DMF等常用化工原料。这些化工原料在医药、农药、染料等行业有非常广泛的应用。该方法为二氧化碳的资源化利用提供了"绿色化学"解决方案，改变了以一氧化碳作为原料的传统途径。新工艺以二氧化碳、氢气和二甲胺为原料，研究人员开发了二氧化碳催化转化合成DMF的新催化剂体系、成套新技术和新装备，建成了1 000吨／年的中试装置，装置已经稳定运行1 200多小时。如果这个项目成功，未来可以设计10万吨生产规模的装置，能为高效利用二氧化碳提供一个新途径。

该技术工艺路线合理、高效。新工艺反应条件温和，过程绿色环保，能效高，转化效率达53.8%；吨产品综合能耗0.306 4吨标煤、吨产品废气排放6.67标方，无固废产生，可实现废水零排放。与目前以一氧化碳为原料的工业化技术相比，新路线工艺原料成本更低且来源丰富，"三废"排放大幅减少。由于新工艺使用二氧化碳和氢气为原料，对于有富余氢气和二氧化碳的行业与企业，不仅可以产生显著的经济效益，还将同时减少二氧化碳排放，增加一种延长产业链和提高竞争力的选项。

"我要用自己的研究成果为化学正名——化学不仅可以是绿色的，而且其研究成果能惠及我们每一个人。"丁奎岭带领的研究团队还针对手性催化剂负载化中存在的难题，突破传统思路，基于分子组装原理，在国际上首次提出了手性催化剂"自负载"的概念，实现了多个非均相不对称催化反应的高选择性、高活性，且易于回收和再利用。他的基于双金属协同催化理念发展的手性催化剂技术，助力企业极大地提升生产效率和降低生产成本，同时生产工艺更加绿色和环保，目前已经达到千吨生产规模，产生了很好的经济效益和社会效益。

新型能源从科学到技术再到产品，至少还需要二三十年的时间

将二氧化碳回收利用，再用来制造新的化工原料，丁奎岭团队的方案致力于解决二氧化碳排放过多的问题。2015年麦克阿瑟天才奖得主杨培东的想法更是"异想天开"：人工光合作用！他研究的"液态阳光"不但可以吸收地球大气中的二氧化碳，甚至还可以帮助人类移民火星，因为火星有着非常丰富的二氧化碳。

杨培东曾展示过一张女儿在6岁时的涂鸦，上面画着用太阳能就可以为汽车补充燃料的加油站。那是2011年，杨培东在去往欧洲讲学的飞机上向女儿解释自己在研究的人工光合作用："我们有那么一种手段，可以把大气中的二氧化碳采集下来通过光合作用，合成汽油、天然气。"

当时，他所在的团队最早研究出了半导体纳米导线，由于这种载体能很好地吸收、转化并储存太阳能，杨培东自然而然接触到了光合作用相关的研究。

光合作用通常是指绿色植物（包含藻类）吸收光能，把二氧化碳和水组成富能有机物，并释放氧气的进程。它主要包含光反应、暗反应两个阶段，涉及光吸收、电子传递、光合磷酸化、碳同化等重要反应步骤，对完成自然界的能量转化、维持大气的碳–氧平衡具有重要含义。光合作用是整个生物圈的物质基础和能量基础。生物圈是生物与环境构成的一个统一的整体，是最大的生态系统。它包含了地球上一切的生物及其生存的整体环

境，人类也是光合作用的一环。换句话说，没有光合作用就没有人类的生存和发展。

随着人类对光合作用深入了解，科学家就开始考虑能不能人工模拟光合作用。20世纪70年代，科学家尝试经过人工模拟光合作用贮存太阳能，到了20世纪90年代，科学家的人工模拟光合作用就开始尝试光敏色素、电子给体和受体共价键结合的系统。人工光合作用就是将大气中的二氧化碳利用太阳能再循环利用，转化成化学能。但光有二氧化碳、水和太阳能还不够，这里少了一个关键的东西——催化剂。

在实验中，杨培东有了一个脑洞大开的想法：大自然中的细菌可以起到非常好的催化作用。由此，杨培东团队构建了一套由纳米导线和细菌组成的共同系统，该系统可捕捉到尚未进入空气中的二氧化碳。这一进程仿照自然界的光合作用。在自然界中，植物运用太阳能将二氧化碳和水转化成碳水化合物。不过，人工光合作用的想法则是将二氧化碳和水转化为醋酸酯，后者是今日许多生物组成反应的基础。更进一步，醋酸酯还可以合成醋酸乙烯，后者是一种广泛应用于各种化学品生产的中间体。醋酸乙烯能用于出产各种化工品，包含可与汽油相媲美的燃料——丁醇。也就是说，杨培东的这套人工光合作用的共同系统，可以把二氧化碳经过化学反应变成各式各样的化学品，像汽油、高分子材料、制药原料、燃料、肥料、商用化学品等。

为了坚持这个研究，杨培东申请了美国的科研基金，对方却立即否决了这个天方夜谭似的想法。没有钱也要做，他在这条路上坚持了近10年，终于在2014年成功研制出了纳米导线和细菌的复合体，实现了第一代人工光合作用转化。在近似自然阳光照射200小时的环境下，杨培东团队完成的太阳能转化率为0.38%，这与自然界（光合作用）叶子的转化率相同。经过优化，杨培东团队如今对太阳能和二氧化碳的转化效率可以达到10%左右，远高于自然界的植物。

2016年，杨培东在参加美国白宫的活动时提到了人工光合作用的研究前景。在杨培东的构想里，加油站将来可以用人工光合作用直接把二氧化碳转化成汽油，用的便是太阳能。杨培东最大的方案便是通过人工光合作用助力人类移民火星，将火星变成人类的后花园。与此同时，埃隆·马斯克雄心勃勃地宣布了自己的"火星殖民计划"。

由于火星大气96%的成分都是二氧化碳，并不适合人类寓居，需要经过改造，把火星变成适合人类居住的环境，而人工光合作用是最好的方法，而且二氧化碳也可以制造燃料、化学品。除了二氧化碳，火星大气中剩下的都是氮气。氮气固定下来可以做肥料，这既解决了化学品问题，也解决了动力问题。美国国家航空航天局（NASA）认识到人工光合作用的潜在优势，在美国伯克利成立了太空生物工程应用中心，与杨培东团队合作，尝试把火星上的二氧化碳和氮气转化为人类需要的化学品和燃料。

尽管如此，人工光合作用现阶段还停留在基础科学研究的阶段，没有进入技术转移的层面。杨培东说，在20世纪，很多技术转化需要几十年，但随着科技的发展，这个过程目前正在加速。他预计，到21世纪末，人工光合作用——将太阳能转化到化学能的可再生能源方式——将在整个人类能源架构中占很大比例。"我也希望看到新型能源能尽快实现从科学到技术的转化，再从技术转化为产品，"他说道，"这应该还是相当漫长的过程，至少需要二三十年的时间。"

爱默生曾说：不要去走他人走过的老路，要在还没有路的空间上给他人蹚出一条道。在杨培东看来，科研的原创精神非常重要。他说，如果把整个科研进程看成是0到100的过程，那么从无到有是十分重要的：从0到1，这是个原创过程，也是一个产生新知识的过程；从1到99是一个不断优化的过程；从99到100也十分重要，这个阶段有了看得见、摸得着的产品，技术实现了工业化并投入实际应用。

第10章

所谓经济学，就是一群不懂围棋的人看别人下围棋

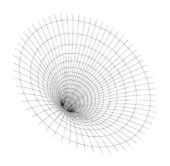

张泽茜　编撰

2010年诺贝尔经济学奖得主克里斯托弗·皮萨里德斯：

"因为科技在不断进步，所以经济体就需要不断应对新的科技发展，然后不断重新达到平衡，以实现地区经济的平衡发展。"

2005年诺贝尔经济学奖得主罗伯特·奥曼：

"主流经济学实际上是正确的，因为总体而言，大部分人都是理性决策者。但行为经济学也是非常重要的，它提醒了我们无意识的部分和需要优化的经验。"

2004年诺贝尔经济学奖得主芬恩·基德兰德：

"任何一个宏观经济模型都有不一样的特质，我们把它叫作整体生产函数。"

2019年沃尔夫农业奖得主戴维·齐尔伯曼：

"我们现在所处的这个世界，有不断变化的产业。这些产业是由供应链整合的。"

2011年诺贝尔经济学奖得主托马斯·萨金特：

"我们就像天文物理学家一样，收集非经验数据。然后，我们试图理解这些非经验数据。"

全球环境每天都在发生急剧变化。技术的革新、劳动力的变化、区域间的发展不平衡给经济可持续发展提出了新问题。

如何应对这些变化，为人类经济发展寻找合适的策略？在这个地球上，每天都有经济学家在思考着。

深圳经历了由农村向城市的转变，雄安则是
由旧产业向新产业的过渡

最近，2010年诺贝尔经济学奖获得者克里斯托弗·皮萨里德斯教授在其所发表的区域经济主题演讲中提示我们，科技发展将给产业和区域带来不同的影响。

科技进步带来产业变革，而因为区域间产业重心不一样，不同区域将面临不同的影响。"因为科技在不断进步，所以经济体就需要不断应对新的科技发展，然后不断重新达到平衡，以实现地区经济的平衡发展。"他这样解释产业升级中区域经济的动态平衡。

在不断平衡的过程中，升级的可能不仅仅是"工业锈带"，还有一跃成为创新中心的渔村。与此同时，产业升级引发的就业结构调整也值得政府和劳动者关注。

"每天我们都会看到很多工作岗位消失，也会看到很多新的岗位诞生。"克里斯托弗·皮萨里德斯表示。自从拿到博士学位以来，他就一直钻研科技对于就业和不同产业的影响，他说："现在，不同地区努力取得经济平衡时，也会使用我们当年提出的一些模型。"

在不同行业中，总有一些创新者，这些创新者很可能是一些初创企业。这些创新者带着新的技术进入市场，然而此时的市场仍旧以传统的方式在运作和发展。随着创新企业进入市场，新的市场需求随之涌现，市场格局将发生改变。市场中的传统企业的市场份额不断萎缩，而原先的初创

企业将不断壮大，成为大企业。

创新对经济产生了影响，对就业的影响如何呢？克里斯托弗·皮萨里德斯说："我们可以看到，这些创新的企业不断创造新的就业岗位。然而，如果我们从行业整体发展观察，就会发现该行业就业岗位数量总体上是减少的。事实上，自动化技术的发展给就业带来了影响。比如亚马逊，有20万个机器人，企业本身可能雇用很多为此服务的人，但是当我们把目光转向传统的零售业时，却会发现有很多传统的零售业的岗位消失了。在美国和欧洲，每三个月就有近20%的岗位因为自动化消失了。"他认为，科技革新必将带来岗位消失和诞生，两者的速度和数量并不完全匹配，但整体就业结构是不断优化的。随后，他继续就自动化给就业岗位带来的结构性变化进行阐述："到2019年，服务业占中国GDP的比重已经达到53.6%，中国40%的劳动力从事工业。与此相比，美国工业劳动力占比是12%，服务业劳动力占比是80%。因此，服务业受到了自动化的良性影响。我们认为自动化会让一些低效率的工作岗位消失并创造了一些高效率的工作岗位。"

推而广之，技术带来就业冲击的理念如何应用在区域经济上呢？

因为不同地区的产业特征不同，克里斯托弗·皮萨里德斯认为技术对于不同地区的影响是不一样的，有些地区受到技术的影响非常大，有些地区受到技术的影响则非常小。这些影响让有些地区受益，却让有些地区的市场萎缩。"我们可以看到中国在改革开放之前，所有地区的经济发展都比较均衡。然而，在改革开放之后，我们发现北京、上海、广东及一些沿海地区经济发展飞速。如果要消除地区间发展的不平衡，我们先要进行结构性改革，想办法刺激内陆地区的经济活力，否则这种不平衡就会越来越严重。"他表示。

接下来，克里斯托弗·皮萨里德斯为我们回顾了一些历史上的情形。在18世纪下半叶，英国开始了第一次工业革命。这使工厂成为劳动生产的主要场所，此前生产多集中在农场。另外，工业革命也促进了劳动力迁徙。他们从农村迁徙到城市，促进了城镇兴起以及乡村衰落。由于新技术不断涌现，第二次和第三次工业革命接踵而来，交通技术随之发展，人口迁徙的成本也在不断降低。一些劳动密集型中心被替代，一些工作岗位从工业领域转移到了服务业领域。

"基本上，服务业部门和工业部门不会集中在同一国家的同一个地区，它们是处在不同地区的。"随后，他举了英国和美国的区域变化案例，他说："在20世纪下半叶进行的第三次工业革命，其造成的地区差异将比过去还要大。作为当时的金融和其他服务的中心，伦敦在崛起。作为老旧的工业中心，包括英国第二大城市伯明翰和周围区域在内的英国中西部地区却在衰落。另外，美国的'铁锈地带'也是不断衰落的，很多新兴服务业中心则在崛起。"

"中国正处在城市变化的第一阶段，大量人口从农村搬至城镇。下一阶段，应该是从工业中心迁移到服务业中心。2012年开始，这个趋势已经比较明显。尽管现在有所放缓，但该变化最终还将加速。"克里斯托弗·皮萨里德斯说。他认为，我们所熟知的雄安新区和深圳正是城市变化的中国案例。

"从20世纪80年代的一个农业大国发展到2010年的工业大国，中国过去的增长主要依赖于廉价劳动力。这极大受益于人口大规模迁徙，但是数据显示，这个趋势很快就要结束。核心技术的创新其实是在破坏一些老旧的工业区，其中一个有代表性的地区就是河北省。那里有很多污染比较严重的产业，离北京也比较近。于是，政府决定重新开发这个区域，把它开发成围绕新技术和数字化的产业区。这里讲的就是雄安新区，其目的是吸引创新公司和绿色产业。然而，政府要改变这个地区的支柱产业，这将会给整个区域带来影响。因为雄安新区引入新产业后，其周围地区还有一些旧产业在运作，那怎么办呢？"克里斯托弗·皮萨里德斯说。

克里斯托弗·皮萨里德斯认为，深圳就是雄安新区的转型前辈。"深圳就是一个很成功的例子。深圳离香港很近，40多年前它还是一个小渔村，现在已经成了一线城市。雄安新区现在也有渔业，也有养鸭子的，希望它将来也可以成为深圳这个样子。不过，有所不同的是，深圳经历了由农村向城市的转变，雄安则是由旧产业向新产业的过渡。"

为什么拿破仑要穿背带裤？

"如果一家餐馆的菜单种类非常丰富，但是每一样菜都不好吃，这家餐馆很容易破产。"2005年诺贝尔经济学奖获得者罗伯特·奥曼教授这样诠释主流经济学和行为经济学的互补关系。这也是他最近在《人类自然行为学杂志》上发表文章的主题。

主流经济学认为，人们的决策是理性的。然而，在人们正式做出决策前，每一步都伴随着行为，这些行为可能是理性的，也可能是非理性的。一个人想要做出靠谱的决策，就要知道决策背后的行为准则并优化行为背后的经验。这就好像一家餐馆有了种类丰富的菜单，还需要有好菜。这里的菜单就是行为准则，好菜则是优化的经验。唯有这样，点餐的人才能点出一桌大餐，餐厅也才能顺利经营。

"在过去的20～30年里，经济学上出现了一个革命，叫作'行为经济学'。其基本主旨就是，大家常常依据经验行动，这些行为的结果通常都是不好的，也就是说并不理性。这和经济学家所讲的不一样，那么，行为经济学家的论点是真的吗？这就是我想要阐述的话题。"罗伯特·奥曼说。

人们是按照经验法则来行动的，但这种经验法则不一定是100%能促进人们目标的。那么，什么时候这些法则不能促进人们达成目标呢？

答案就是，当人们面临一些例外情况或者是假定情况的时候。在这些情况下，经验还没有到达意识层面。计划经验和学习经验，是不适用于例外情况和假定情况的。

在这里，罗伯特·奥曼为我们举了一个女生琳达的例子。他首先给出了一系列关于琳达的描述，希望大家来根据这些描述对琳达做出判断。"她很年轻并且单身。与此同时，她非常开朗、外向、聪明，是一个关心歧视和社会公平问题的女生。那么，你推断琳达是一位银行出纳，还是兼具银行出纳和女权主义者的身份呢？"罗伯特·奥曼抛出问题。

很多经济学家对这一问题做了相关调研。大部分受访者在调研中的回答都是：琳达既是银行出纳，又是女权主义者。"其实一个人既是银行出纳，又是女权主义者的可能性似乎不太高，然而依旧有75%的人做出了这样的选择。"罗伯特·奥曼给出回答。

如果说这个问题还不能说明人在假定条件下所做出的非理性选择行为。那么接下来，罗伯特·奥曼又给出了一个"拿破仑的背带裤"之问。十分巧合的是，这个问题是在他撰写这一部分论文的时候由他孙女提出的。

"为什么拿破仑要穿背带裤？"罗伯特·奥曼的孙女问，她当时只有12岁。

"我不知道。"罗伯特·奥曼回答。

"因为他要把他的裤子提起来。如果不穿背带，他的裤子就掉下去了。"罗伯特·奥曼的孙女给出了答案。

很显然，这是个穿背带裤的基本常识，但回答者却被关于"拿破仑"的这个问题中的要素所欺骗。

这到底说明了什么问题呢？

"为什么人们在琳达的案例中，选了一个明显不符合常理的答案呢？为什么我孙女问我这个问题的时候，我给不出一个这么简单明了的回答呢？经验是什么呢？这就是相关性。"罗伯特·奥曼总结道。

在琳达这个案例里面，当人们听到琳达非常关心歧视和社会公众问题，同时她又是一个非常开朗、外向、聪明的女生，回答者就会自动联想到女权主义者这个选项。这就是罗伯特·奥曼所说的相关性。"当我的孙女问拿破仑穿为什么要穿背带裤的时候，很自然地，我没有关注到他的裤子是否会掉这个问题，所以我回答不知道。"罗伯特·奥曼解释道。因为在这个问题里，拿破仑或者其他身份，都和穿背带裤这个问题的实质毫无关系。"这两个例子足以证明，相关性决定了人们的行为方式。人们是按照经验、规则来行动的，这里的经验规则就是人们认为题干中的要素和答案具有一定相关性。"罗伯特·奥曼说。

吃，构成了人们日常生活的一部分，然而很少有人思考人们为什么要吃东西。

"人们吃东西是为了获得能量，年轻人、小孩吃东西，是因为他们要获得相关的营养和能量，以供成长、发育。这是一个针对吃的理性回答，然而人们平常选择吃这个行为的时候，可能并不会这么思考，而仅仅是出于饿了或者嘴馋。"罗伯特·奥曼解释。

吃，是人类的本能。在人类的进化过程中，经验告诉人们，饿了就吃。"然而，对那些过度肥胖的人来说，这个吃的本能可能并不是什么好事，这就是进化滞后于社会发展所带来的消极本能，因为进化出吃这个本能的时候，社会上还没有这么多过度肥胖的人。"罗伯特·奥曼说，"人类总是在进化，但进化的结果并不总是最优的。"

在解决了以上这些诙谐的问题后，罗伯特·奥曼又给出了一个新的问题。"如果有人给你钱，你是选择今天就拿走100元，还是明天获得110元？"大部分人会选择前者。当问题中的时间变一下，成为"一年后拿走100元，还是一年零一天后拿走110元？"，大部分人的答案又成了后者。其实，前后两个问题中拿钱的时间间隔其实是没有差别的。

罗伯特·奥曼表示，这就是行为经济学家认为的非理性选择，涉及人类的行为心理。"人们总是倾向于确信当下所能获得的价值。如果你现在就能得到，那么不要等到以后，因为你不知道明天会发生什么事。但如果是在一年和一年零一天这样的未来，那么仅仅一天的时间间隔就没有什么差别了。"罗伯特·奥曼教授认为，这是一个解释及时性的好例子。

最后，罗伯特·奥曼做出了总结，人们既需要经验又需要理性。人们的行为本身是没有办法优化的，但经验是可以优化的。只要优化经验，行为的结果也能够得到优化。虽然在做决策时，大部分人不会去有意识地优化经验，而是依赖固有的认知，尽管那存在一定的偏差。然而，经验一旦得到优化，人们就足以应对一些自然情况并做出合理的判断。

　　"主流经济学实际上是正确的，因为总体而言，大部分人都是理性决策者。但行为经济学也是非常重要的，它提醒了我们决策时有无意识的部分和需要优化的经验。最重要的是，我们要了解这些经验及其法则，这样我们才有办法去逐步优化我们的经验和决策。"罗伯特·奥曼说。

事实上，世界上很多大企业就是大学老师创办的

"我们正处在一个破坏性创新的时代，创新产品不断出现。然而，我们的一些经济理论，其实是农业时代所提出的，它所描述的主要是农业社会的经济趋势。我们现在所处的这个世界，有不断变化的产业，这些产业是由供应链整合的。"2019年沃尔夫农业奖获得者戴维·齐尔伯曼说。他近期提出了很多关于创新和供应链的见解，并从不同角度分析了市场及政策对供应链的影响。

戴维·齐尔伯曼提出，创新常常能引发对供应链的重新设计，并且创新往往能开拓出新的市场，这就需要针对市场设计新的供应链。"因此，我们需要回答的问题是，有了创新以后，你要把它做到多大的体量？生产结构是怎样的？你是选择外包，还是垂直管理？市场政策和市场规则对于整体设计的影响是怎样的？"

"市场其实是创新的一部分。创新者在做一个新产品的时候，新产品并没有任何固有市场。因为新产品和新技术介入，新的市场逐步被建立起来。在新的产业链中，你在跟原料供应商谈判的时候，有买方垄断权；你在对外销售终端产品的时候，有卖方垄断权。虽然这些垄断权存在，但是它也是受限的。新产品刚上市的时候，因为专利系统保护，你确实具有垄断优势。但很快，竞争者们会紧随其后，他们会推出一系列竞争产品。"戴维·齐尔伯曼表示。

戴维·齐尔伯曼简单分析了全球闻名的苹果公司，将其作为因新技术

而具有垄断优势的案例。"苹果有iPhone的自主定价权，苹果在买方市场把价格压低，在卖方市场把价格抬高。苹果可能是世界上最成功的公司之一，就是因为苹果在成本和收入之间有很大的空间。"戴维·齐尔伯曼说。

这对于产业的影响是什么呢？戴维·齐尔伯曼建议先从简单的供应链结构入手。他举了一个例子：泰森食品公司是美国最大的鸡肉处理生产商。在意识到可以从农民那边采购，并可以用卡车把鸡肉运往更多的地方后，泰森食品公司逐渐开始专注于加工，并把很多其他生产环节外包出去。"这种供应链包括好几个环节，包括供货商、处理商、加工商，最后还有市场。这些都是受政策和技术影响的。但是在整个供应链中，可以说泰森食品公司是居主导地位的。"戴维·齐尔伯曼解释。

想要设计这样一个供应链，企业需要考虑的因素有很多。比如，他们如果生产创新产品，需要进多少货？总共生产多少？自己生产多少？多少外包出去生产？公司的规模要做多大？这个公司的结构应该是怎样的？

"想要收益最大化，你要学会设计供应链及了解其不同阶段的情况，决定哪些自己生产、哪些从别人那里买。你要考虑所有风险、动态、信贷，还有资本市场的限制，等等。你的最终目的是要减少成本、增加收入，然后获得整体增长。如果有很大的资本做支撑，那么你很有可能选择都自己做，那么这个系统很可能是垂直管理的。这样也可以避免你的知识产权外泄。如果没有，那么你可能会选择把精力集中在你认为最重要的部分上，把其他部分外包给别人去做。"戴维·齐尔伯曼给供应链设计者提出建议。

在众多创新产业链中，戴维·齐尔伯曼十分重视教育与产业结合，即所谓"产学研一体化"。他认为，这对现在的经济发展十分重要。"这个概念在美国的纽约、加利福尼亚州，还有中国的一些地方都有所体现。具体说来，就是由学术界提出创新，然后产业部门将这些创新付诸实践并围绕创新做多阶段的基础应用开发。有一些大学的教授自己创办了公司。事实上，世界上很多大企业就是大学老师创办的。"戴维·齐尔伯曼说。他认为，这个系统能够把公共部门和私营部门的力量结合起来。同时，他还鼓励具备这样产学研机制的地区积极培养相关的产业从业人员，这样就能形成一个很好的整体。

另一方面，戴维·齐尔伯曼也提及了政策在鼓励创新中的作用。"也就是说，我们需要开发出一种工具，不断允许创新产生垄断效应，但是又确保这个垄断效应只是暂时的。这样整个市场才会充满竞争和活力。"戴维·齐尔伯曼说，"有失必有得，有得必有失。从统计数字来看，中国在改革开放过程中取得了巨大发展。有一些地区和产业可能受到了冲击，但政府推动的基础设施创新对此起到了非常积极的作用。这是一个很好的应对方案。"

为什么挪威人天生讨厌平等？

2004年诺贝尔经济学奖获得者芬恩·基德兰德教授关注的是科学技术在GDP中的贡献，以及懂得将这些技术应用在经营中的重要性。除此之外，尽管不是革命性的，劳动力在经济发展中也能发挥出价值。在退休人员比例逐渐上升的大环境下，鼓励更多女性走上职场是美国当下需要考虑的事情。

芬恩·基德兰德就1947年到2007年的GDP实际平均增长曲线进行讲解："我们确实很关心经济增长的平均速度，因为它是大规模、长期持续的增长。在某些国家，增长率没有这么高。比如撒哈拉以南非洲地区，每年人均实际GDP不到1 000美元。是什么原因导致GDP增加或者减少，又是什么导致了这些波动呢？"

"任何一个宏观经济模型都有不一样的特质，我们把它叫作整体生产函数。"芬恩·基德兰德说。为了解释人们关心的变动，他随后给出了一个GDP增长函数。"我是一个老师，我跟学生讲课，肯定要列出各种等式来帮我们整理思路。"在GDP增长函数中，Z指的是技术水平；K指的是资本，包括机器、办公大楼、工厂等；L指的是劳动。其中，技术水平Z是非常重要的因素。因为，如果K和L是固定的，Z上升，就能够大大提高GDP的水平。

"技术变革是经济增长的一个重要引擎。然而我今天想讲的是，对私营部门来说，所有关于资本和技术所做的决定，都需具有一定的前瞻性。因为他们巨大的投入可能要花很多年才能赚回来，比如建一个工厂，从开始投资到工厂建成，可能要经过5～15年才能有所回报。在此期间，所有政府决策、监管环境都可能对其造成影响。"芬恩·基德兰德说，"另外，我今天想谈谈劳动人口增长，尽管有时候它和人口增长不成比例。"

探讨影响GDP增长函数的因素之余，芬恩·基德兰德也提出了政策稳定对于经济和企业的影响。他十分推崇挪威的政府管理方式："挪威人天生讨厌平等，而挪威的社会保障非常发达。另外，政府主动参与创新激励活动，并且在这方面表现突出。挪威政府的政策也非常一致而稳定，不会有政府换届就完全改变政治风向的情况出现。因此，即使挪威政府换届，你也不会感觉出来有任何差异。"他认为这样稳定的经济环境能够给企业家带来比较准确的预判，进而提高效率。

芬恩·基德兰德认为，经营部门对于经济发展是很重要的。如果一个国家有一个比较健全的经营系统，那么这样的国家比较容易开发一些新技术，或者是让技术集中地区开发一些新技术。

"新兴企业想要发展，贷款是很重要的资本来源，因为靠企业自身来积累资本实在太慢了。金融业在这里起到了相当大的作用，因为金融行业擅长找好项目，或是为合适的项目延长贷款期限。不同行业发挥各自的专长，这样能够让经济更有效地运转。"芬恩·基德兰德说，"在经济体里面做实验很困难，因为我们无法控制政策，而且需要几十年的时间才能看到结果。然而，幸运的是，这里有个自然的实验足以证明我的观点。"

这个自然的实验，就是智利和墨西哥的发展。这两个国家曾面临相似的经济困境，但因为政府的决策不同，这两个国家拥有了不同的经济增长速度。1981年，智利和墨西哥陷入同样的困境，出口商品的价格非常低，银行系统处在水深火热之中。后来智利政府实在没办法，只能让这些银行破产。两三年之后，这些银行不得不重新私有化。这是一个非常痛苦的过程，智利的人均GDP在两年内下降了20%。但是下降了之后，智利的经济腾飞了。与此同时，墨西哥走了完全不一样的路。墨西哥政府决定贷款给谁，或者不给谁。"我个人不相信政府有这样的决策能力。"芬恩·基德兰德强调。劳动人口平均GDP曲线显示，墨西哥的经济复苏花费了更长的时间。

"我们现在谈谈劳动人口与所有退休人口的比例。在20世纪50年代，这个比例是6∶1，现在是3.1∶1。之后这个比例可能会是1.6∶1。"芬恩·基德兰德描绘了劳动力市场即将面临的情况。

在卡耐基学院，芬恩·基德兰德的一个学生写了一篇论文，讨论了劳动力曲线对美国未来8年经济增长的影响，并指出其影响不可忽视。在劳动人口与退休人口比例逐渐下降的"银发社会"，该如何提高劳动人口的数量呢？芬恩·基德兰德认为，关键在于提升女性劳动人口的就业参与度。

"我们可以看到美国的数据非常令人惊讶，因为美国女性就业参与度的高峰出现在1998年，之后一路下降。这个和很多国家的劳动力特征大相径庭，所以我们会研究，美国是否没有充分利用女性劳动人口呢？"芬恩·基德兰德说。

女性如果不在职场工作，她们很可能会在家庭继续充当劳动力。当她们重返职场，可能就需要购买一台洗衣机来替代她们原本在家庭中做的洗衣服这个劳动项目。家庭或者社会，其中的劳动力问题，也是在不断平衡和协调的。

"我们可以看到，很多其他国家跟美国的情况完全不一样，挪威、德国、英国、瑞典等这些国家女性就业率都比美国要高。美国需要推出一系列的政策，以激励更多女性进入职场就业。美国可能要向挪威看齐，因为挪威女性的就业率非常高，其政策有很多值得效仿的地方。这样才能够提高美国女性就业率。"芬恩·基德兰德总结道。

经济学家就像天文物理学家一样，是一群不懂围棋的人在看人下围棋

2011年诺贝尔经济学奖获得者托马斯·萨金特教授给出的主题，和前几位经济学家有所不同，他讨论的是"宏观经济学家到底在研究什么？"。这个自己解释自己的行为非常有趣。最后，他甚至揭秘了一下，经济学家到底是怎么学习的。

"过去几天，我们跟很多物理学家、化学家共度了一段时光。我们和他们交流甚多，同时听听他们在自己的领域做些什么。费曼博士曾经说，应该怎样解释天文物理学家在研究什么呢？其实，天文物理学家就像是一群不懂围棋的人在看人下围棋。"托马斯·萨金特向我们转述了一个有趣的比喻。

不懂围棋的人看下棋，他们只能通过下棋人的每一步去猜测对弈者的目的，甚至通过这种方式去猜测围棋的规则到底是什么。这是费曼博士给出的解释。托马斯·萨金特认为，这也可以解释宏观经济学家到底在做什么。"我们就像天文物理学家一样，我们收集非经验型的数据。然后，我们试图理解这些非经验数据。"托马斯·萨金特说。随后，他给出了一个关于游戏的新比喻。

首先，游戏里需要有一系列的玩家；其次，这些玩家遵守一定的规则；再次，玩家之间将对彼此的行为做出回应；最后，这里需要有一个协议，规定玩家在特定的时间做出某些选择。游戏策略则告诉游戏中的玩家

们如何应对不同的情况，以达到较好结果。"玩家所谓的游戏策略，就是经济学家所关注的事。经济学家观察数据，然后从数据中获得规律或者是总结规律。"托马斯·萨金特说。这些经济学家总结出的规律，常常能给一些经济体带来指导。

"经济学家也要做一些物理学家不想做的事情。比如经济学家还要研究，不同游戏玩法会不会产生不同的结果。对这些物理学家、数学家和统计学家来说，现在的宇宙可以说是它过去的结果，它的现在是未来的起因。这种因果关系从过去一直延续到未来。这在物理上也许是对的，但是在经济上是不对的。原因在于，我们所做的是人为的事情，我们对别人、对未来的预期会对当下的决策造成影响。"托马斯·萨金特这么解释经济学和自然科学的不同之处。他认为，这和游戏中玩家会基于别的玩家的行为和预期展开行动的道理是一样。

托马斯·萨金特认为，"上有政策，下有对策"这句中国的古话，讲的其实是行为经济学，他说："人们都是寻求利益最大化的。"随后，他用这句古话和相应案例来解释，人们基于对未来的预期影响现在行为的理论。

"比方说银行挤兑，如果我预测到其他人都会冲到银行去取钱，那么我也会去银行取钱了。如果政府和银行没有准备金，存款者就无法避免这种理财风险。如果有了这种准备金，就不会发生挤兑了。"托马斯·萨金特说。但他认为，一旦政府给银行提供这种托底，银行所有者就可能为了越做越大而无视风险，因为他们没有后顾之忧了。他进而解释道："这其实是引发金融危机的定时炸弹。一个人的预期和行为都基于他对其他人的预期。然后，他将以利益最大化为目标来行动。"

"其实，像物理学家一样，经济学家也使用数据和模型。然而，经济学家只有认识到过去的模型哪里有问题，经济学家才能开发出新的、更有效的模型。"托马斯·萨金特说。他认为，经济学家正是从过去经济危机中不断找到问题、不断学习，从而建立新的经济模型的。

随后，他用了一位物理学家的观点来说明自己的学习理论。托马斯·萨金特做出转述："以不同的方式，科学得以塑造。它取决于到底是数据引导理论，还是理论引导数据。理论告诉我们期望什么，我们要么找到它，要么找不到它。如果你找到它了，你将提出新的问题。如果你没有新的问题，你就会转而向数据求助。另外，如果你没有理论指导，你也将回归数据，你将开始尽可能多地收集数据，希望从中能够发现某些趋势。但是，我们都明白，这其实是个在黑暗中不断摸索的过程，直至我们发现真正的趋势。"